JN133611

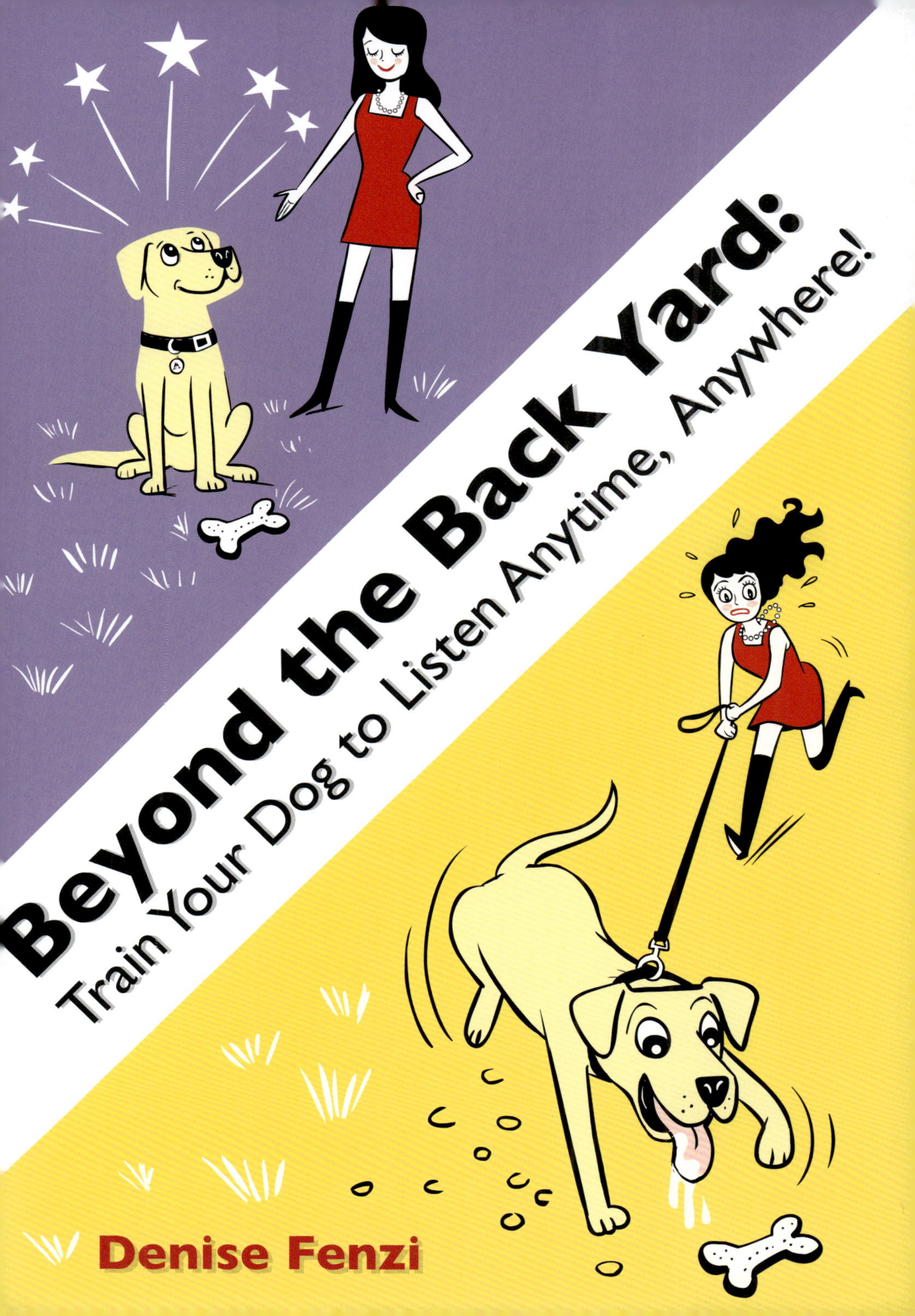
Beyond the Back Yard:
Train Your Dog to Listen Anytime, Anywhere!
Denise Fenzi

Recommendations
本書の推薦文

ときどき、これまでにはなかったような、新しいドッグトレーニングの本が登場します。それは期待をはるかに上回る本で、もっと早く書いて欲しかったと思わされます。そしてその本が、数多く出版されるドッグトレーニング本を先導するものとなることは間違いありません。デニス・フェンツィ著の本書『いつでもどこでもデキる犬に育てるテクニック』（洋書タイトル『ビヨンド・ザ・バックヤード』）は、まさに、そのような本です。私はすっかり気に入ってしまいました。

このような本は他にありません。ほとんどの一般的なドッグトレーニング本が終わるところから始まるのです。『ビヨンド・ザ・バックヤード』には、コントロールされた環境で基本的なマナーを教える方法は書かれていません。むしろ、気を散らすようなものがないところでは、「オイデ」「オスワリ」「マテ」や、リードを付けてお行儀よく歩くといったことが普段できることを前提にしています。ここから、この本は一歩先へ大きく踏み出し、家から離れていても、リードをはずしていても、他にしたいことがあっても、強く興味をひくディストラクションがあっても、愛犬をコントロールできるようにする方法を、熱心な飼い主たちに手ほどきします。言い換えれば、『ビヨンド・ザ・バックヤード』は、実際の世界を、オヤツの手助けなしにどう生きればよいかを伝授してくれるのです。ここに書かれているのは、玄関先にお客さんが来たとき、ピクニックで訪れた公園でお弁当を食べているとき、猫やリスが勢いよく道を横切ったとき、リードをつけずに散歩したり公園で遊んだりしているときなど、実際の生活で起こるさまざまな状況に対処できるトレーニング・プランです。これは、言うまでもなく、犬を飼っている人なら誰でも知りたいことでしょう。

デニスは、リードや、ホルター（ヘッドカラー）、ハーネス、そして気をひくためのオヤツやオモチャも使わず、誘惑が多い中でも確実にパフォーマンスすることが求められる、ハイレベルな競技に参加する競技者と競技犬のトレーニングを長年専門としてきました。オビディエンスをはじめとする多数のスポーツのタイトルを複数の犬で獲得しており、高い称賛を得ています。デニスの競技犬たちの特徴は、集中力、喜び、やる気、元気さ、そして何と言ってもその美しいオビディエンスです。

デニスが、ペットの犬たち、そしてその飼い主たちをトレーニングするためにその道のプロとしての経験と知識をこのように共有してくださったことを嬉しく思います。この『ビヨンド・ザ・バックヤード』を読めば、犬がどのように学習し、どのように理解するのか、また、犬から離れていても、犬の気が散っていても、道具に頼ることなく、リードをつけていない状態での信頼性を上げる方法を学べます。その結果として、あなたの犬は、より多くの場所で歓迎されるようになるのです。

あなたも、あなたの犬も、あなたがこの本を手に取って読んだことに感謝するでしょう。

イアン・ダンバー博士（本書の推薦者）
APDT（ペットドッグトレーナーズ協会）の創設者でもある。

デニス・フェンツィ
Denise Fenzi（著者）

アメリカ在住で、世界でも活躍するプロのドッグトレーナー。チームとしてドッグスポーツを行う犬と人間が協力関係を築き、正確に作業できるようにするためのトレーニングを専門としている。個人的に情熱を注いでいることは、オビディエンス訓練競技と、無強制（モチベーションベース）のドッグトレーニングのハイクオリティーな情報を広めること。ドッグスポーツのためのオンラインスクール「フェンツィ・ドッグスポーツ・アカデミー」を運営し、指導に力を入れる傍ら、世界各地でドッグトレーニングのセミナーを行い、ドッグスポーツ愛好家のための書籍も多数執筆している。

その他の著作物　www.thedogathlete.com
オンラインスクール　www.fenzidogsportsacademy.com
ブログ　www.denisefenzi.com

目次

はじめに

本書はあなたのお役に立てるでしょうか？
それを見極めるために、次の2つの質問にお答えください。

質問1

あなたの犬は「オスワリ」、「オイデ」、「マテ」、そして「リードをつけてお行儀よく歩く」などの基本的な動作ができますか？

答えが「はい」なら、素晴らしい！ 本書はあなたが今までに読んだドッグトレーニング本とはまったく異なるため、有効に活用するには、これらのスキルが必要になります。なぜなら本書は、あなたの犬が、あなたの指示する基本的な動作ができていることを前提に書かれているからです。

質問2

あなたの犬は、外出しているときや、あなたがご褒美のオヤツを持っていないとき、あるいは気が散るような状況にいるときにも、それらの基本的な動作ができますか？ 例えば近所の公園で、「オスワリ」、「オイデ」、「マテ」の動作や、リードをつけてお行儀よく歩くことができますか？ お客様が玄関に訪ねて来たときはどうでしょうか？ 子供が学校から帰って来たときや、リスが目の前を横切ったときはどうでしょうか？

家ではオヤツのためにきちんと座るナラ!

外にいるときや、オヤツがないときにも協力することはまだ学習中。

答えが「あまりそうとは言えない」であるなら、本書はまさにあなたのための本です。

あなたが愛犬に教えたスキルはとても大切であり、それらをマスターした事実は、あなたが責任ある飼い主になるために時間をかけて取り組んだことをうかがわせます。本を使ったにせよ、教室に通ったにせよ、おそらく失敗も繰り返しながら、あなたは愛犬に、非常に重要であるさまざまな基本動作を教えたのです。素晴らしいことです！

しかし、トレーニングにはまだ上の段階があります。それはとても重要であるにもかかわらず、残念ながら、ほとんどの本や教室では、きちんと取り上げられることがあまり（もしくはまったく!）ありません。それは具体的にどのようなトレーニングかと言うと、まわりにディストラクション（気を散らすもの）があっても、外出先でも、そしてあなたがオヤツを手に持っていなくても、愛犬がすでに知っている動作をできるようにするトレーニングです。

実は、犬が理解していることは「状況」に依存します。これについては非常に厄介に感じることもあるでしょう。けれども、考えてみると人間も同じですね。私たちも、何をすればよいのかを理解するのに「状況」を考慮します。

参考に例をあげましょう。あなたの子供が、家の中で一日中歌を歌うようになりました。とても可愛らしいので、クリスマスに親戚が来たときに、あなたは子供に「お客様のために歌って」とお願いしました。しかし、ここで子供はいつものように歌い出すのではなく、隠れたり、逃げたり、だんまりを決め込んだりして、断固として歌おうとはしません。これは身体的な問題ではありません。歌い方を忘れてしまったわけではないのです。歌わないのは、人前で披露することが怖いからか、あるいは他の部屋で遊んでいる従兄弟たちが気になっているからでしょう。つまり、恐怖やディストラクションの問題です。これらはどちらもよくあることで、世界中の親たちがよく理解しているでしょう。子供がそのような反応を見せると、親はしばしばじれったく感じたり、苛立ちを覚えたりしますが、そうした不満を子供にあらわにしたところで、何も変わりません。あなたの小さな歌い手は、今は歌わないのです。あなたの子供は人前でパフォーマンスできるようになれます。しかし、これは子育てではなくドッグトレーニングについての本なので、犬の話に戻りましょう。

あなたはトレーニング教室に通いましたか？ それはいいですね！ あなたは、オヤツを使うのは、愛犬にあなたの求めるような行動をしてもらうためのシンプルで有効な方法であることを理解しているでしょう。素晴らしい！ あなたの犬はまたたく間に基本の動作を学び、さらに楽しみのためにトリックもいくつか覚えました。ますますいいですね！

最初のトレーニングで、
ディーコンは服従だけでなく、
いくつかトリックも覚えました！

けれど、何週間、何か月と地道に練習を続けてきたにもかかわらず、あなたは、家にいて、他に興味をひくものがなく、オヤツを目の前でちらつかせているときにしか愛犬があなたの言うことを聞く気にならないように感じています。本当に必要なときにできないなら、あれだけやったトレーニングに何の意味があったのでしょうか？ いつになったら、外出先でもあなたの言うとおりに行動してくれるようになるのでしょうか。

それは、今です。この先どんなに頑張ったところで、今と同じトレーニング方法を続けていては、何も変わりません。より素早く、より意欲的に、言われたとおりのことができるようになるかもしれませんが、その上達は家のキッチンで、しかもディストラクションがなく、あなたが手にオヤツを持っているとき限定でしょう。あなたが愛犬にそれしか教えていなければ、あなたの犬はそれしかできないのです。それが学習の本質です。犬は、できる限り、自分に都合が良いように行動します。人間と同じですね。

アジリティの競技犬は非常に難しい状況下で競い合います。ハンドラーたちは愛犬にディストラクションを無視することを教えます。それはあなたにもできることです！

テレビでアジリティやオビディエンスの競技会を見ていて、いったいどうやってそのハンドラーたちは、犬のリードを外しても犬が他の犬たちのところに飛んで行ってしまわないようにすることができたのだろう、と疑問に思ったことはありませんか？ それだけでなく、その犬たちは、あからさまなご褒美もないのに猛スピードで障害物コースをこなします。まず断言できますが、テレビで見るようなチームは、毎日毎日キッチンで練習したわけではありません。また、ある日いきなり犬を外に連れ出し、リードを外して、うまく行くようにと祈っただけで、カメラの前で望むようなパフォーマンスができたわけでもありません。

代わりに、彼らはディストラクションがあっても、新しい環境でも、そして絶え間なくオヤツを与えなくても愛犬がパフォーマンスできるようにトレーニングしているのです。そして、そうするのに一生分の時間をかけたわけでもありません。ドッグスポーツの競技者のほとんどは、それぞれの犬のトレーニングに週に1、2時間ほどの時間をかけますが、それは並外れて複雑なパフォーマンスを難しい状況でこなせるようにするためのトレーニングです。もしあなたが望んでいるのが、「オイデ」や「マテ」といったいくつかの基本的な動作をすることや、外で歩くときにリードを引っ張らないことだけなら、トレーニングにかける時間ははるかに少なくてすみます。コツは、「長く」ではなく、「賢く」トレーニングすること。しっかりプランに沿って取り組めば、合計でかかった時間は最小限であったことに気づくでしょう。

本書では、犬のトレーニングを、「動作の習得」の段階（あなたは現在この段階にいます）から「プルーフィング（学習したことを確実なものにすること）」や「汎化」の段階へと進めるためのプランを提供します。わかりやすい言葉に言い換えると、本書で示すプランに沿ってトレーニングを行うことで、あなたの犬は、外出先でも、まわりに興味をひくものがあっても、そしてあなたがオヤツを持っていなくても、あなたの指示に従って行動できるようになります。

数か月間、毎日10分ほどのトレーニングを続ければ、目を見張るほどの成果が得られることでしょう。その結果、あなたの犬をよりたくさんのところへ連れて行けるようになるはずです。そしてその結果、あなたも、愛犬ともっとたくさん外出したくなります。そしてさらにその結果、愛犬が人にもっと好かれるようになり、その結果、これから何年も一緒に過ごす信頼できる友を手にして、犬を飼っていてよかったと思うようになるでしょう。

そしてその最終的な結果は何でしょうか？ それは愛犬とより深い絆で結ばれることです。実はそもそもそれこそが、あなたが愛犬のトレーニングを開始した動機だったのではないでしょうか。

愛犬ライカと休む著者。

本書の使い方
本書は3つのパートに分かれています。

●パート1は教育編です。
トレーニングの理論や哲学について紹介しています。誰にとっても有用な情報ですが、何かを行う前になぜそうするのか理由を知りたいタイプの方に特におすすめです。

●パート2は実践編です。
本書のいわゆる「ハウツー」の部分になっています。ここでは、たとえまわりにディストラクションがあっても、あなたがオヤツを持っていなくても、愛犬があなたの指示に従って行動できるように手助けするプランをご紹介します。とにかく今すぐトレーニングに取り掛かりたい方はここからスタートしてかまいません。

●そして最後のパート3は問題解決編です。
さまざまな問題への対策を用意しています。また、愛犬とのトレーニングがとても楽しいと感じ、愛犬ともっといろんなことがしてみたいという方のために、さまざまなドッグスポーツも紹介しています。

それでは、どうぞお好きなところから読み始めてください!

パート① 教育編

Educational

第1章 犬の学び方

犬を訓練するのに動物行動学の学位はいりません。しかし、犬がどのように学習するのかを理解していることは大変役に立ちます。すぐに本書のパート2で紹介するトレーニングプランに従ってトレーニングを始めてもかまいませんが、そもそもなぜ本書がこのようなプランを組んでいるのかを理解した方が、より効果的なトレーニングができるでしょう。また、あなたの犬がどのように学習するのかを理解していれば、本書に書かれている以上のことを犬に教えられるでしょうし、問題にぶつかっても、より良い対処ができるようになります。

学びのプロセスにおいて、人間を含めすべての動物は、自身にとって最も好ましい状態を作り出そうとします。要するに、動物は自分にとって一番都合の良いことを行います。これには、食べ物や欲しい物を手に入れることの他に、安心感や幸福感、夢中になること、といった心の状態も含まれます。動物は、不快なことを避け、好きなこと、欲しい物、そして必要な物を求めます。したがって、動物に何か（つまり特定の行動）をして欲しければ、望むとおりにしてくれたときには嬉しい気持ちになる結果を与え、望むとおりにしないときには不快な気持ちになる結果を与えればよいのです。

動物は、自分の周りで起こっていることについて意識して考えていることもあれば、無意識に学習していることもあります。しかしどちらのケースでも動物は学習しています。この2つのシナリオを理解するのは重要ですので、次にそれぞれについて見ていきます。

あなたの犬が「自分で選択」していて、「自分が何を学んでいるのかを認識」している場合、あなたは「オペラント条件付け」を使っています。そのときには気づかなかったかもしれませんが、愛犬に基本的な動作を教えたとき、あなたはオペラント条件付けを使っていました。オペラント条件付けとは、単に、犬が自分の行動とそれがもたらす結果を結びつけることを言い、それ以上でもそれ以下でもありません。

◆オペラント条件付けの基本的な使い方には以下の3通りがあります。

1. 犬は、飼い主の望むことをすると素晴らしいことが起こると学びます。例えば、あなたの犬に「オスワリ」を教えたとき、あなたはオヤツを使ったのではないでしょうか。
2. 犬は、飼い主の望むことをしないと良くないことが起こると学びます。具体例では、「オスワリ」を教えるのに首輪をつかんで引き上げる人がいます。
3. 犬は上記の2通りの学び方の組み合わせで学習します。座ったときはオヤツをもらい、座らないと首輪で正されるのです。

あなたが犬に何かをさせるための合図やコマンド（指示）を出すと、犬は毎回自分の行動を選択します。モチベーター（やる気を高めるもの）を得られる可能性と罰を受ける可能性を天秤にかけ、あなたの言うとおりにするか否かを選ぶのです。指示に従った方が自分にとって良い結果になると判断すれば、犬はおそらくあなたの言うことをきくでしょう。人間の場合と同じです。

さて、犬が学習する仕組みはもう一つあります。「古典的条件付け」と言って、こちらはオペラント条件付けほど明示的ではありません。動物が意思を持って選択するオペラント条件付けとは異なり、古典的条件付けは、意思どころか、学習しているという意識すら必要としません。それは単に起こります。

意識的か無意識的か、どちらにせよ、動物はどんなときでも学んでいます。犬に「オスワリ」を教えているとき、どのように教えたとしても、犬は座ることだけを学習しているのではないのです。トレーニング全般のことを学んでいるのです。トレーニングは、楽しくて、楽しみになるようなことなのか、それとも嫌な思いをするから極力避けたいことなのか、といったことです。あなたと一緒にいるのが楽しいことなのか、あるいは嫌なことなのかを学習しています。世界は安全で予測のつく場所なのか、あるいは危険で不安を感じさせるような場所なのか、を覚えていきます。

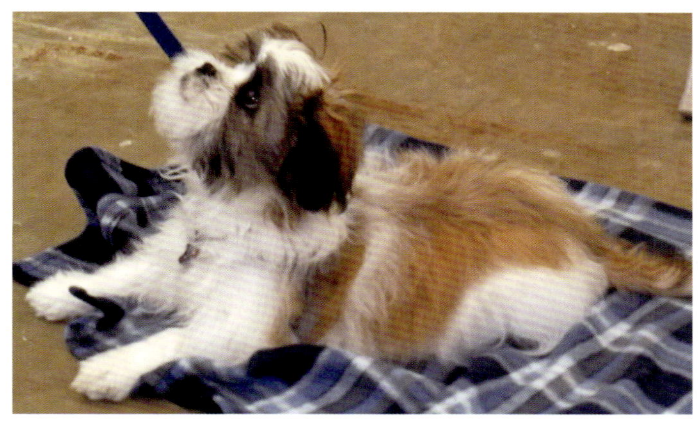

オペラント条件付けを使って、毛布の上で待つことをトレーニング中。
古典的条件付けも同時に、そして常に生じています!

もうお気づきかもしれませんね。われわれ人間も同じような古典的条件付けの経験をしています。例えば、辛抱強くて優しく、言うことややることが一貫していて、しかもあなたに対して高い期待を抱いているような、素晴らしい教師に恵まれたら、あなたは先生を喜ばせたくて懸命に勉強するでしょう。

反対に、不機嫌で要求が多い上に、理不尽で気まぐれな先生や上司がいたら、誰だって不安な気持ちになるものです。もしかしたら、その人が見ていると、それだけで簡単なこともできなくなるくらい緊張し、本来の能力を発揮できなくなることすらあるかもしれません。それは恐怖が理性的思考を圧倒してしまうからです。これは、先ほどと同様に、犬でも人間でもすべての動物で同じです。

古典的条件付けは無意識のうちに起こるので、ずっと前の出来事でも不安や嫌な気持ちを抱え続けることがあります。例えば、自分自身が学校生活を楽しめなかった親は、学校を卒業してから20年経っても、子供の学校の教室に初めて足を踏み入れたときに戸惑いや不安を感じたと報告しています。学校の何が嫌だったのかをはっきり覚えていなくても、そのネガティブな気持ちは残ったままです。これが古典的条件付けです。

犬が無意識に学んでいるのと同じように、あなたも無意識のうちに色々なことを教えています。恐怖や不安は、効果的で効率の良い学習の妨げになるので、トレーニングは楽しいものだと犬が学ぶことは非常に重要なポイントになります。リラックスして、トレーニングを楽しみに思うことができればできるほど、犬はより早く学び、より協力的にトレーニングに参加します。したがって、トレーニングに集中して欲しければ、まずあなたが、短いセッションで、ポジティブでやりがいのあるトレーニングを行うことが最優先事項となります。犬のとった行動に対して不満を示したり、犬の身体を手で動かして望みどおりのことをさせたりすれば、それはトレーニングに対する好ましくない古典的条件付けになります。そうなると犬との良好な関係は徐々に失われていくでしょう。

この犬たちは、トレーニング教室にいてもリラックスして居心地が良さそうです。

◆本書では次の理由から
ポジティブなトレーニングメソッドを使います。

1. トレーニングが楽しいものだと犬が思えるような状態を作り、犬がより早く学習できるようにするため。

2. たとえ犬が直接手が届かない距離にいても、指示に応えるようにするため。もし、主に矯正を使った方法で指示に従わせていたらどうなるでしょうか。犬は賢い生き物です。あなたがコマンドを行使できる時とできない時があることをすぐに理解します。もし犬が、リードにつながれているか、特別な首輪をつけているかしないと指示に従わない場合は、あなたのトレーニング目標に対してどのような状況にあるのかをよく考えるべきです。2メートルのリードをつけた状態で「オイデ」が必要になることが果たしてどれほどあるでしょうか。おそらく全く無いでしょう。すでにすぐそこにいるのですから! どんな犬でも、自分がリードをつけているかいないかはわかっています。しかし、あなたがオヤツを取り出す可能性があるかどうかまでわかる犬は稀です。ここでオヤツを「取り出す可能性がある」と言ったことに注目してください。ほとんどの犬は、あなたが実際に手やポケットにオヤツを「持っている」かどうかがわかります。これについては後ほど詳しくお話しします。

3. 犬は基本的に安易な道を選ぶ傾向があるので、恐怖の記憶が残っていれば、手が届かなくても言うことをきかせられるかもしれません。しかしあなたが怖いから協力するのでは楽しくありません。犬を飼うのは、種を超えて互いに利益をもたらす関係を築き、それを楽しむためです。必要もないのにわざわざ恐怖に基づいた関係を築く理由があるでしょうか。

本書のトレーニングプランでは、オペラント条件付けと古典的条件付けの両方を使います。どうぞ、愛犬とともにその過程を楽しんでください。もしどちらかが楽しんでいない状態だと気づいたら、どうしてそうなってしまったのか原因を探りましょう。意図せず犬に覚えさせてしまったことはないですか? たとえそのつもりがなくても、犬を怖がらせるような行動をとっていませんか? 犬もあなたも両方が楽しんで学べる方法を見つけましょう!

第２章 あなたの犬のモチベーターは？

ニッキーとベラは水遊びが大好きなので、
それをモチベーターに使います。
あなたの犬は何が好きですか？

ここまでの説明で、犬がどのように学習するのか、また、犬が恐怖を感じずに興味を持って楽しく学習することがなぜ大切なのかをご理解いただけたと思いますので、ここで、私たちがトレーニングに使える「ツールボックス」を見ていきましょう。

犬にはトレーニングの時間が大好きになって欲しいですから、犬の意欲を引き出すための適切なツールを使うことが重要です。そのようなツールのことを「ご褒美」、「モチベーター」、または「強化因子」ともいいます。ここからはこれらの用語をほとんど同じ意味で使っていきます。

何かがモチベーターになるには、当然ながら、犬がそれを欲しがる必要があります。愛犬がドライフードでやる気を出さないのなら、別のご褒美を探しましょう。やる気を起こさせないものを使うのは時間の無駄です。お隣さんの飼っているラブラドールがドライフードで言うことをきくからといって、あなたの犬にも同様に当てはまるわけではないのです。あなたの犬が本当に欲しがり、それを獲得するために頑張ろうという気になるようなものを見つけましょう。

では、あなたの犬のやる気を起こさせるものは一体何でしょうか？ 次の候補にそれぞれ1点から10点までの点数をつけてください。 もちろん、この一覧にない物を加えても問題ありません。選択肢が多いほどよいのですから！

- 撫でる―――――――――――――――――――――― [　　　]
- 褒める―――――――――――――――――――――― [　　　]
- 犬用ビスケット―――――――――――――――――― [　　　]
- 火を通した鶏肉―――――――――――――――――― [　　　]
- ソーセージ――――――――――――――――――――― [　　　]
- 一片のパスタ―――――――――――――――――――― [　　　]
- 市販の柔らかいおやつ――――――――――――――― [　　　]
- 食器に入ったドライフード――――――――――――― [　　　]
- 手から一粒ずつ与えられるドライフード――――――― [　　　]
- ボール遊び（持って来い）――――――――――――― [　　　]
- 引っ張りっこ――――――――――――――――――― [　　　]
- 外へ出る自由――――――――――――――――――― [　　　]
- リスを追いかけ回す自由――――――――――――――― [　　　]
- 泳ぎに行く―――――――――――――――――――― [　　　]
- ドッグランに行く――――――――――――――――― [　　　]
- 自然の中を散歩する――――――――――――――――― [　　　]

ほとんどの犬にとって食べ物は絶大なモチベーター！

あなたの犬が欲しがるものは何でもモチベーターとして利用できます。
ステラは散策中に拾った枝を投げて遊んで欲しいので、喜んで協力します。

2つの選択肢のうちどちらをより欲しがるかわからない場合は、2つを並べて犬の反応をよく見ましょう。ドライフードひと粒とおもちゃのボールを同時に差し出されたら、あなたの犬はどちらを選ぶでしょうか。チーズとソーセージではどうでしょうか。犬にもそれぞれの個性があり、好みがあります。愛犬のお気に入りを見極めましょう。もしかしたら、結果は予想と異なるものかもしれません。

世界は犬の興味をひきつける ディストラクションであふれています。

『お気に入りリスト』に8点、9点、10点のものがたくさんあったら、あなたはとてもラッキーです。愛犬のモチベーターを多く見つけられれば、見つけられるほど好都合です。もし強力なモチベーターが少ない場合は、とりわけ慎重に、犬を成功に導くトレーニングプランを立てる必要があります。

上記の強化因子の中には、あなたを混乱させるものがあったかもしれません。なぜ、泳ぎに行くことやドッグランに行くことをモチベーターとして使えるのでしょうか。この特殊なモチベーターについては後ほど詳しくお話ししますが、この時点で理解していてほしいのは、何かの行動をさせるモチベーターとして他の「行動」を使うことができることです。それどころか、そうしたご褒美が、実は一番強力なモチベーターであることも少なくありません。

モチベーターの価値は状況によって変わるので注意しましょう。ある環境では使えていたモチベーターが、別の場面では使えなくなることもあるのです。キッチンでは8点だったドライフードが、庭では3点に下がるかもしれません。これはディストラクション（犬の気を散らすもの）にも価値があるからで、どのような状況においても、犬は他の選択肢も考えている可能性があります。例えば、（愛犬にとって）あなたの持っているオヤツより、リスを追いかける方が価値があるとしたら、リスの勝ちです。実際、トレーニングのプロセスを始めたら、あなたが差し出せるどんなものよりも強力なディストラクションが見つかるかもしれません。それは全く普通のことです。時間をかけ、一貫性をもって、辛抱強く取り組み、さらにいくつかのコツを駆使すれば、乗り越えられます。じっくり取り組めば結果はついてきます。

ここで、2つ目のリストに移ります。今度はあなたをうんざりさせている「ディストラクション」を見ていきましょう。リストの中から、取り組んでみようと思えるものを一つ選んでください。犬があまり興味を持たないものでも大丈夫です。本書のトレーニングでは、簡単なディストラクションと難しいディストラクションの両方を使います。参考にいくつか候補を並べますが、モチベーターのリストにあったものは、高確率でディストラクションにもなり得ることに注目してください。

- カウンターの上の届かない所にある一切れのパン
- カウンターの上の届かない所にある一切れの肉
- 目線の先、椅子の上にある（密閉容器に入れてある）一片のパスタ
- 床の届く所にある一片のパスタ
- 椅子に座っている家族の一員
- 家の中を動き回っている家族の一員
- 興奮した声で話している家族の一員
- 椅子に座っている見知らぬ人
- 家の中を動き回っている見知らぬ人
- 見知らぬ人が鳴らすドアベル
- 座って「マテ」をしている他の犬
- リード付きで通りかかる他の犬
- ドッグランで走り回る他の犬
- 木の枝にいるリス
- 逃げ去るリス

このリストは4つの基本的カテゴリー、「食べ物がある」、「知らない人がいる」、「家の外にいる」、「他の犬がいる」に分けられます。これらのうち、あなたの犬が非常に影響を受けるものもあれば、気に留めないものもあるかもしれません。「他の犬がいると気が散る」としても、それはどれくらいのレベルでの話なのでしょうか。対ディストラクションのトレーニングでは、それぞれのカテゴリーの中でも、犬の気を散らすレベルが高いのか低いのかを見極めることがとても重要です。飼い主のそばで静かに座っている犬と、全速力で公園を走っている犬とでは、ディストラクションのレベルが異なります。時間をかけてこれらの影響を正しく見分けないと、成功するトレーニングプランを立てることすらままなりません。

先に進む前に、もう一つ最後に重要なテーマがあります。それは、犬が間違った行動をとった場合どうするかです。実際、犬はたとえ褒美が欲しくても、あなたの望むとおりに行動しないことがあります。では、犬が間違えたとき、どのようにしたら、誤りを正すことなく、楽しくトレーニングを続けられるでしょうか。

答えは簡単です。犬の欲しがっているものを取り上げることで、誤りを知らせるのです。協力したらオヤツをもらえる、協力しなかったらオヤツが遠のく、という具合です。

人間も同じように学習するので、その仕組みを人間の例で説明しましょう。今あなたはクイズ番組に出場しているとします。目の前にはお札の山があり、もしクイズに正解できたら、司会者から50万円をもらえます。しかし答えを間違えればそのお金は取り上げられます。それだけはどうしても避けたいあなたは、何が何でも正しい答えを見つけようとするでしょう。そうして司会者は強要せずともあなたの協力を得ているのです。

犬でも同様です。例えばキッチンでオヤツを手に持って犬に「オスワリ」を指示したとします。しかし愛犬はあなたに協力するのではなく、カウンターにある残りのオヤツを嗅ぎ回ることを選択しました。そこにあるオヤツすべてを狙っているのです！ それに対するあなたの対応は、オヤツを瓶に戻してしまうこと。あなたの犬は、たくさんのオヤツにありつけなかっただけでなく、確実に得るチャンスがあった1個のオヤツすら逃してしまったのです。

優れたトレーニングには、犬に「手の中の鳥1羽は、藪の中の鳥2羽分の価値がある」と教えることが含まれます。言い換えると、「手の中のオヤツ1個は、瓶の中のオヤツ2個分の価値がある」というわけです！ 犬はこうした概念を理解します。競技会に出るようなドッグトレーナーはこの概念を常に駆使していますし、あなたの犬もこの教訓を覚えることができるのです。

しかし、本書のゴールは訓練競技会に出場することではなく、どのような環境でも言うことをきくようにすることですから、オヤツを使わない例も見てみましょう。あなたの犬が外に出たがっているとします。このケースでは「外に出る」ことがご褒美です。あなたは犬にドアの前で大人しく座るよう指示します。それができなかったら、あなたはドアを閉め、結果として犬は外に出るチャンスを、つまりご褒美を、逃すことになります。外に出ることが大好きなのに！ ご褒美を逃すことを予想していなかった犬は、再び同じようなチャンスが訪れたとき、今度こそは外に出られるよう「ドアの前で大人しく座って待つ」ことに、もう少し前向きに取り組むようになっているはずです。

犬が期待していたご褒美を取り上げることは非常に強力なコミュニケーション方法ですが、使うときは細心の注意を払う必要があります。人間と同じように犬は成功を糧に成長します。失敗が続くと、犬はトレーニング自体に飽きてしまうでしょう。例のクイズ番組でも、もしお金を取られてばかりだったら、あなたもうんざりしてさっさと諦めてしまうでしょう。

このような事態を避けるためには、犬が成功できるようにお膳立てをする必要があります。トレーニング全体のうち、80%の成功率が適切です。それでは一体どのようにすればよいのでしょうか。次の章では、ある環境ではできることが別の環境ではできなくなる理由を詳しく見ていきましょう。

ディーンは、合図を待たずに車から飛び出るとすぐに戻されて、扉が閉まり、自由を取り上げられることを理解しています。

犬は成功した喜びで成長します。愛犬がより多く「勝ち取れる」ように、チャレンジを設定しましょう!

第３章 あなたの犬が理解していること

ロビンは「オスワリ」と「マテ」を理解しているので、家の中でも、積み重ねた石の上でも成功させられます！

本書は、あなたがあなたの犬にさせたい行動（基本動作とも言う）の仕方を犬がすでに知っていることを前提としています。ここで初めてお話ししますが、実は、犬の理解は「状況」に依存しているのです。つまり、特別なトレーニングをしていない限り、愛犬が理解しているとあなたが思っていることを、おそらく犬は理解してないということです。その特別なトレーニングのことを「汎化」と言います。それは、ある一つの情報が、状況が変わっても当てはまることを教えるプロセスです。犬は総じて汎化が非常に苦手なため、ここは重要なポイントになります。

◆あなたの犬は「オスワリ」のコマンドで座れますか？確かめてみましょう！

おいしいオヤツをたくさん準備して、犬がもっとも慣れているトレーニング場所に行ってください。あなたがオヤツをたくさん持っていることを犬にわかるようして、犬のやる気を出させます。それではさっそく、向かい合って「オスワリ」と言ってください。犬は猛烈な勢いでお尻を地面につけて座りましたか？ 上出来です！

では、次に少し条件を変えてもう一度トライしてみましょう。今度は犬に背を向け、壁の方を向いて、「オスワリ」と言ってください。

◆どうなりましたか？

おそらく正しくできなかったのではないでしょうか。でもそれは、やる気がなかったからでも、何かを怖がっていたからでもありません。新しい環境で何かに気を取られていたからでも、あなたの声が聞こえなかったからでもありません。なぜなら、唯一変わったのは、あなたの体の向きだけだからです。一度目は犬の方を向いていて、二度目は背を向けていた。変わったことはこれだけです。では、なぜ失敗したのでしょうか？

失敗の原因は、状況が変わったことにあります。犬は「飼い主が自分の方を向いている状況で座る」ということを一括りにして学んでいたのです。あなたの犬が頑固なわけでも悪い子なわけでもなく、単に、どの部分の変化が重要なのか（あるいは重要ではないのか）を学習していないだけなのです。極端に言うと、あなたの犬はまだ「オスワリ」を正しく理解していません。代わりに、「キッチンで目の前に飼い主がいて、おやつをチラチラと見せながら『オスワリ』と言う」ことを理解しているのです。

ではもしこのテストで犬が成功したら？ 素晴らしい！ 犬が「オスワリ」を理解し始めている証拠です。どれだけ理解しているのか、どんどん試していきましょう。犬が慣れている場所に犬を連れていき、あからさまにわかるようなモチベーターを手に持ちます。私たちは犬に最大限の努力をして欲しいのです。失敗したのはすべて、犬のやる気のなさではなく、あなたの基本的なトレーニングに問題があったことが原因だと言えるように。

- **あなたが椅子に座っているときに「オスワリ」ができますか？**
- **あなたが床に寝転がっているときに「オスワリ」ができますか？**
- **あなたが天井を見ているときに「オスワリ」ができますか？**
- **あなたが閉められたドアの向こう側にいるときに「オスワリ」ができますか？**

思いつくかぎりさまざまな状況で試してください（もちろん常識的な範囲で）。その目的は、犬に失敗させることではありません。改善できるように、基本的なトレーニングの弱点をあぶり出すことです。これを行なっている間、犬に思いやりを持つことを忘れないでください。犬は一生懸命に応えようとしていますから、あなたの役目は、犬が成功できる適切な難易度の課題を与えることです。

犬が失敗したら、課題をより簡単にする方法はないか考えてみましょう。例えば、あなたが椅子に座っているときに「オスワリ」ができないのなら、椅子に寄りかかっているだけならどうでしょうか。成功したら存分に褒めてあげましょう。失敗してもポジティブな気持ちを保ち、難易度を下げて、もう一度トライしてみましょう。そして成功するたびに必ずおいしいご褒美をあげて、もう立ち上がってもよいと犬がわかるように、自由にしていいよという言葉をかけてあげましょう。

椅子に座りながら「マテ」をさせられますか？外出しているときはどうですか？

ではここで、これらの練習が本書の目的とどれほど密接に関わってくるか確認しましょう。

◆あなたが手にオヤツを持っていなくても「オスワリ」ができますか？（強化因子の減少）
◆カウンターに食べ物があっても「オスワリ」ができますか？（ディストラクション）
◆初めて訪れた場所で「オスワリ」ができますか？（環境の変化）
◆知らない人が部屋にいても「オスワリ」ができますか？（恐怖心）

考え付く限りの可能性を試す間、犬の失敗は、強情さや頭の悪さ、あるいはずる賢さとは一切関係がないことを覚えていてください。その状況で座ることを理解していたら、当然座ります！ あなたに協力すれば、欲しくてたまらないオヤツを簡単に得られるのですから。失敗は単に理解不足ということなのです。

あなたがオヤツを持っていないと失敗するのなら、あなたの犬は、オヤツがある場所からオヤツを取り出せるのはあなたであり、オヤツを得るにはあなたの助けが必要であることを理解していないのです。

このジャーマン・シェパードは簡単に「オスワリ」ができます！

…大好きなオモチャを持って誰かがそばを通るまでは。

キッチンカウンターに食器に入ったドッグフードがある状態で失敗するのなら、あなたの犬は、あなたがあげるという選択をしなければドッグフードをもらえないことを理解していないのです。

ドッグランのゲートを開ける前に大人しく「オスワリ」ができないのは、「オスワリ」と「マテ」をしなければゲートを開けてもらえないことを理解していないからです。

初めての場所で「オスワリ」ができないのなら、その新しい場所で「オスワリ」をすればご褒美をもらえることや、あなたと犬の両方がその場の状況を把握するまでオヤツはお預けだということを理解していないのです。

知らない人がいると失敗するのなら、その人は安全だということを理解していないのです。犬が自分に危険はないと納得するまで、ご褒美のオヤツはコマンドに応える動機づけ（モチベーター）にはなりません。

要するに、前述したようなさまざまな状況で失敗してしまうのは、まだ何をすべきかはっきりと理解できていないからなのです。

あなたの犬は学習することが必要なのです！ そして教えてあげるのはあなたです！ ただし、いつものキッチンでオヤツを手にいっぱい持って練習を続けても、あなたの犬が幅広い状況で正しい動作ができるようになる助けにはなりません。さまざまな状況で、地道に、そして計画的に訓練する必要があります。

実際、人と犬とでごった返し、非常にストレスがかかる環境で競技を行うようなドッグトレーナーでも、訓練時間の大半は汎化のプロセスに費やします。競技を行う人はよく、動作を覚えさせるのは簡単だと言います。難しいのは、その動作をどのような状況でも正しく行えるようにすることなのです。

そして、まさにそのために本書があるのです！

ダズルは外出先でも従順なので、イベントなどに連れて行くこともできます。

第４章 難易度を変える

キッチンで、1分間の「マテ」を練習しているピラ。
1分間待てたら「基準を満たしている」ことになります。

愛犬が行動を汎化させることを学びやすくするために、私たちは難易度をあげるタイミングを見極める必要があります。ドッグトレーナーはこれを「基準を上げる」と言います。

しかし基準を上げるには、まず犬が基準を満たしている必要があります。要するに、あなたが規定する特定の動作を犬が正しく行えなければなりません。例えば、少し犬の気が散る環境で30秒間座って「マテ」をすることが目標の場合、カウンターにパンが一切れ置いてある状況で30秒間ずっと座っていられたなら、犬は基準を満たしています。では、座っていられずに、クンクンとパンを嗅ぎにカウンターの方に行ってしまったらどうでしょうか？ この場合は基準を満たしていません。

犬が基準を満たした場合にはご褒美としてモチベーターを与えますが、失敗した場合はモチベーターを与えません。（その際、カウンターにあるパンは犬が絶対に届かないようにしましょう。犬が自分で欲しいものをゲットしてしまったら、あなたがしてほしい行動ではなく、自分で欲しいものを手に入れようとする態度を強化してしまいます！）

犬が一貫してカウンターにあるパンを無視して基準を満たしているようなら、基準を上げられます。言い換えると、ご褒美のオヤツのために、より多くのことを犬に求めることができます。でも、「より多く」とは具体的にどういうことでしょうか？何回成功したら、基準を上げればよいのでしょうか？

今度は、飼い主が別の部屋から見守る中、リビングで待つように指示されたピラ。
基準が上がっています！

基準を上げるときに重要なのは、犬が成功できそうな新しい課題を選ぶことです。計画的に少しずつ基準を上げていけば、トレーニングセッション中、愛犬はずっとポジティブな態度を保ちながら、非常に速いスピードで学ぶはずです。より多くのことを犬に求めることが効果的なのは、それによって犬が頭を使い、あなたのために頑張るようになるからです。しかし一度に多く求めすぎてしまうと、失敗が続き、やる気をくじいてしまいます。一方、基準を上げるのが遅すぎれば、犬はトレーニングに飽き、学習スピードが落ちてしまうでしょう。つまり、基準を上げるのにもさじ加減が必要です。では、どの程度が適切なのでしょうか？

基準を上げる（または下げる）のに厳格なルールはありませんが、もちろんいくつかの一般的な原理はあります。

- 基本的に同じ設定で5回連続して同じコマンドを出したうち、最低でも4回成功できたら、基準を上げるタイミングです。もっと難しくしてあげましょう！

- 反復のうち、半分以上を失敗するようだったら、基準を下げましょう。多く求めすぎています。犬が楽しんで参加できるように、より簡単にします。

- ちょうど中間の場合、もしくは現在の難易度を変えるかどうか迷っている場合は、現時点の基準を継続します。成功する練習を少し余分に繰り返してもまったく問題ありません。それどころか、緊張気味の犬や自信のない犬には、素晴らしい効果があるかもしれません。

基準を上げるのが早すぎると、犬がボディランゲージでそれを知らせてくれることがよくあります。犬がトレーニング中にストレスを感じているサインが見られたら、基準を下げましょう。さらに良いのは、セッションを終わらせ、あとでまた難易度を下げて再開することです。

◆犬がストレスを感じているサインの例

- 何もないのに、あたりの地面を嗅ぐ
- 耳が下がっている
- あなたと目線を合わせない
- 唇を舐める
- トレーニングセッション中にどこかへ行ってしまう
- トレーニングしたくないと感じていることが態度や表情から見てとれる

飼い主の後ろに隠れる。

頭を下げて、背中を丸めている。

耳を後ろに倒し、目を半分閉じている。

耳を後ろに倒している。

唇を舐める。

でも、具体的にどのように基準を上げたり下げたりするのでしょうか？ 基準を決める要因は何でしょうか？ 難易度を変えるには3つの基本の方法があります。それは「影響度」「距離」「継続時間」です。これらの要因はすべて、状況が変わったときに犬が正しく振る舞える確率に影響を与えます。さっそく、それぞれを詳しく見てみましょう。

影響度

「影響度」とは、犬の視点から見て状況が変化した度合いです。例えばトレーニングの場をキッチンから寝室に移した場合、公園に移動した場合ほどの変化の影響度はありません。新しい場所での訓練で成功率が下がったなら、犬がより高確率で成功できるように、影響度を下げられる環境の選択肢を探しましょう。

犬が成功できるように環境をつくることが必要不可欠です。キッチンから公園へと移動する代わりに、まずは庭からはじめ、玄関の前、そしてご近所さんの家の前へと、場所を移動してはどうでしょうか？ ゆっくり着実に前進して、多くの成功体験を積み重ねていくことが、愛犬に自信とやる気を生み出すでしょう。自信とやる気は、犬であれ何であれ、どのような生徒にも望まれる性質です！

同じ部屋で知らない人が修理作業しているために「影響度」が上がっている状態の中、「フセ」のまま待つ練習をしているピラ。

特定のディストラクションについて語る場合、「影響度」とはディストラクション自体の変化の度合いを意味します。茹でたてのブロッコリーよりも、カウンターの上にある焼きたてのステーキの方がはるかに「影響度の高いディストラクション」になりますね。

ディストラクションの影響度は、ご褒美として用意しているものと相対的な関係にあります。テーブルにあるパン一切れに犬が興味をひかれていても、あなたがモチベーターとしてポケットにソーセージを持っていたら、犬が選択肢を比較したときにあなたがディストラクションに「勝てる」可能性は高まります。だからといって、あなたの犬がパンに興味をひかれないわけではありませんが、あなたが提供するものがより魅力的であれば、ディストラクションがあっても集中を保てる確率が高くなります。私たちのトレーニングではこれを有効利用していきます。

距離

ドッグトレーニングでは、「距離」を2つの意味合いで使います。1つ目は、犬からディストラクションまでの距離です。ディストラクションが犬に近ければ近いほど誘惑が強くなりますので、犬が基準を満たさない確率は上がります。2つ目は、ハンドラー（犬に指示を与える人）と犬の距離です。ハンドラーとの距離が近いほど成功率が上がる傾向があります。あなたが近くにいれば、犬はあなたとの関係と、あなたの持つご褒美の存在を強く意識させられます。ディストラクションを使ってトレーニングするときは、ディストラクションに対するあなたの位置が適切かどうか判断しましょう。

遠くに生徒がいる中で、「フセ」をしながら待つ練習中のピラ。

行動の汎化のためにさまざまな場所でトレーニングしていると、いずれ公園にも行くかもしれません。そのとき、他の犬がリードをつけずに走りまわって遊んでいるような公園を選んだ場合は、そのディストラクションとの距離を大きく取るべきか、距離を近づけても大丈夫かを考慮しましょう。あなたの犬は、どのくらいの距離でトレーニングに挑戦する準備ができているでしょうか？ 成功率を上げるために、さまざまな障害物との距離を考慮して、距離を少しずつ変えていきましょう。

より生徒に近づいて同じ練習をしているピラ。

継続時間

「継続時間」は、犬が褒美をもらえるまで正しく行動しなければならない時間の長さです。「オスワリ」は、動作をしてすぐにご褒美をもらえるので、ほとんどの犬にとって比較的簡単なチャレンジです。しかし、リードをたるませた状態で歩く動作は、ご褒美がもらえるまで、ある程度継続しなければならないので、難易度が上がります。

動作の継続時間を延ばす訓練をしているときは、それが玄関先での「オスワリ」であっても、リードをたるませてお行儀よく散歩することであっても、できるだけ簡単になるようにしてあげましょう。例えば、継続時間を増やす場合は、環境の「影響度」を弱めるか、ディストラクションとの「距離」を大きくします。もし愛犬が遠くにリードなしでいる犬に気を取られていたら、リードをたるませた状態でその犬に向かって歩くよりも、その場で「オスワリ」の指示を出した方がよいですね。

ダズルは、ランチが終わるまで「フセ」をして待つことを期待されています。ダズルは継続時間の基準（ランチの間ずっと!）と距離の基準（食べ物!）をきちんと理解している必要があります。

でも、「どうしてもリードをたるませて歩く練習をしたい!」ですか？ なるほど。ならばそれを猛特訓です！ まずはディストラクションがない家の中で、完璧にできるようになること！ ご褒美を与える間隔が延びても正しく行動できるようになったら、いよいよ家の外でチャレンジです。しかし、いきなり2分間ではなく、最初は5秒間からスタートしましょう。なぜなら新しい状況ではそれが精一杯かもしれませんから。このようにしてディストラクションの問題と継続時間の問題をうまく組み合わせて、愛犬が成功できる環境を作ってあげましょう。

では、「マテ」の訓練についてはどうでしょうか。まずは家の中の、静かな場所から始めましょう。そうすれば、時間を延ばす（継続時間）一方で、影響度を下げ（ディストラクションが無い）、近くで「マテ」をさせる（距離が近い）ことができます。それができたら、ほんの少しずつディストラクションを導入していきましょう。犬の周りを歩き回ったり、視界から出たり入ったりしてみます。玄関に向かって歩いてみます。玄関のドアを開けてみます。ドアベルを鳴らしたらどうでしょうか。前のステップをマスターするまでは先に進まないように。そして基準を上げるときは（例えば、ドアを開けるところからドアベルを鳴らすところへ）、継続時間を短くすることを忘れずに！ドアベルが鳴った状態で5秒間「オスワリ」を続けるのは、何もない状態で2分間座り続けることと匹敵するくらい素晴らしいことなのですから。この例では、ディストラクションの「影響度」が高い状況下で座り続けるよう求めることで基準を上げていますが、時間を短くすることで犬が成功できるようにしています。これでまた一歩成長したので、今度は7秒間に挑戦できるかもしれません。犬にとっても、あなたにとっても、ハッピーな結果というわけです！

ティストラクション・トレーニングを始める前に、豊富な種類を前もって準備しましょう。

さて、カウンターに置いてあったあのパンのことを覚えていますか？ ここから基準を上げるにはどうすればよいでしょうか？

いつものように、あなたにはいくつかの選択肢があります。パンの代わりにチーズなど、より犬の興味をひくもので試してみましょう。ディストラクションの影響度だけが上がって、継続時間と距離は変わらないよう、ディストラクションの置き場所とあなたの立ち位置はキープします。

または…、より犬に近い椅子の上などにパンを置いてみることもできます。パンは同じものですが、影響度と継続時間は変えずに、ディストラクションとの距離を近づけるというわけです。

あるいは…、パンはカウンターに置いたままにして、座った状態での「マテ」を10秒間ではなく20秒間にしてみましょう。ここでは、距離とディストラクションの影響度を変えることなく、継続時間を延ばしています。

どれも適切な訓練設定ですので、これらを順繰りに繰り返し練習するほど良い結果につながるでしょう！ 人間もそうですが、犬は同じことの繰り返しばかりだと飽きてしまいます。ですから、1回の訓練でこのすべての状況を練習したらよいと思いませんか？ 数分程度しかかかりませんし、その1回の訓練が終わったときには犬の理解度が高まっているでしょう。「『マテ』というのは『待つこと』であり、どのような状況でも同じなんだ。たとえ気が散ることがあっても、飼い主が遠くにいても、時間が長くても」と犬が理解するのです。ヨシ、いい子だ！ それに、これで「マテ」の理解が深まったので、次はもっと影響度を上げて、ディストラクションを犬に近づけることもできるでしょう。いい感じに進んでいますよ！

ではもしも成功できていない場合は？ これについては後ほど詳しくお答えしますが、簡単に言うと、基準を下げることです。ただし、前に成功できたところまで戻ってしまうのではなく、中間地点を見つけましょう！ いきなりチーズにしたり、パンまで戻ったりするのではなく、パンに少しバターを塗ったくらいがちょうどよいかもしれません。バターを塗ったパンがあっても成功できるようになったら、もう一度チーズでトライしてみましょう。犬に挑戦させるのはよいことですので、恐れずトライしてください！

「距離」「影響度」「継続時間」の3要素はすべて連携して作用しますので、基準を上げる際はすべての要素を考慮しなければなりません。これらの要素（「距離」「影響度」「継続時間」）には、それぞれ違うタイプの難しさがありますので、そのことを考慮してトレーニングの計画を立てましょう。

ここまで読み進んで、もしかしたら、可能性の多さに戸惑ったかもしれません。しかし、不安に圧倒されるよりも、ただ、自分に問いかけてみてください。「どうしたらもう少しだけ難しくできるだろう？」「どうしたらもう少し簡単にできるだろう？」と。目標は毎日、前の日よりも、もう少しできるようになることです。カレンダーにその日、その週、何ができるようになったか記録するのもよいかもしれません。記録を見返しては、あなたが成し遂げていることにあなた自身が驚くでしょう。

さて、これまで、汎化があなたの指示を理解する愛犬の能力に与える影響、基準の上げ方、「距離」「影響度」「継続時間」の各要素を加減することで成功率を上げられることをご理解いただけたかと思います。これで、愛犬に見合ったレベルの訓練課題を作れるようになれます。その結果、あなたの愛犬は自信をつけ、あなたと愛犬はともに成功に向かって進めるようになるでしょう。

この3匹は、影響度（大好きなオヤツ）、距離（目の前）、
継続時間（飼い主が写真を撮り終えるまで！）の試練をすべてクリアしています。

次のパート2からは「距離」「影響度」「継続時間」の3要素と、食べ物のディストラクションを使ったトレーニングプランを紹介していきますが、現実世界には犬の気が散るようなことが他にもたくさんあります。食べ物のディストラクションの章をマスターし、さまざまな違う環境でのトレーニングをスタートさせたら、もう一度この章に戻って、現実世界に溢れているディストラクションも考慮したトレーニングプランを作ってください。「距離」「影響度」「継続時間」の3要素を頭に入れておくと、愛犬が興味を持つさまざまな状況（人と会う、自分のものでないオモチャで遊ぶ、など）を設定したトレーニングに役立ちます。

実際にトレーニングを始める前に、ここでもう一つお話しすることがあります。

第5章 ディストラクションを理解する

パート1を終える前に、ディストラクションについてもう少し詳しくお話しします。ディストラクションの導入は、これからパート2に出てくるレッスンプランを構成する重要な要素です。注意深く進めないと、あっさりと犬にディストラクションを取られ、トレーニングの要点が忘れ去られてしまうでしょう。ディストラクションを理解することで、愛犬が成功できる計画をより簡単に立てられるようになります。

まずは、コントロールが可能なディストラクションと、コントロールが不可能なディストラクションを識別するところから始めましょう。コントロール可能なディストラクションとは、あなたが部分的または完全に愛犬から引き離せるものです。例えばリードに繋がれている他の犬は、あなたが望めばその犬がいないところまで愛犬を連れて離れられるのでこの分類に入ります。音の鳴るオモチャは届かないところへ置けますし、食べ物はカウンターにのせられます。

反対に、コントロール不可能なディストラクションは、文字通りあなたがどうしてもコントロールできないものです。これらはたびたびあなたをうんざりさせ、トレーニングを非常に難しくします。リードに繋がれていない他の犬は、寄ってきたり離れたりするのをこちらの意思で止められないので、基本的にコントロール不可能なディストラクションになります。リスやシカなどの野生動物もコントロール不可能ですね。犬の興味をひくだけひいて逃げるのはやめてくれとどれだけ願っても、その願いが聞き入れられることはまずないでしょう。

ありがたいことに、トレーニングのために下準備した環境では、先ほどのようなリードに繋がれていない犬や野生動物以外のほとんどのディストラクションをコントロールできます。詳しくご説明しましょう。

この肉は袋に入っていることでコントロールされています。

一切れのパンを容器に入れたら、それであなたはディストラクションをコントロールできることになります。犬はパンに近寄れますし、物欲しそうにじっと眺めることもできますが、容器を自分で開けてパンを得ることはできません。さらに、たとえ容器をカウンターから落とされても、愛犬がそれを破壊してパンにありつく前に、あなたは悠々とそれを取り返すことができます。この場合は、アクセスを制限することによってディストラクションがコントロールされているのです。

この肉は、テーブルの上に届かない犬に対してはコントロールできますが、届いてしまう犬に対してはコントロールできないかもしれません。

犬と、犬の欲しがっているものがフェンスで隔てられている場合も、ディストラクションをコントロールしている例になります。プールで泳ぐことが好きな犬なら、フェンスに囲まれたプール。他の犬と遊ぶことが好きな犬なら、フェンスの向こう側にいる犬。食べることが好きな犬（ほとんどの犬がそうですね！）なら、フェンスの向こうにあるオヤツ。犬は欲しいものが見えるかもしれませんが、それにありつくことはできません。

この肉は、犬に取られるのを阻止してくれる協力者のおかげでコントロールできています。

あるいは、犬が届くところにディストラクションを置き、犬がそれを取りそうになったら協力者に止めてもらう方法もあります。協力者を使うことは、たとえあなたがディストラクションから離れていてもそのアクセスをコントロールしていると犬にわからせる良い方法でもあります。犬は、人間同士が協力しあうことをすぐに学習します。そして、ディストラクションの近くに人がいるときにはそれを得られないことを理解します。

また別の方法は、ディストラクションそのものではなく、犬の行動範囲を制限（コントロール）することです。リードを使って犬をコントロールすることは基本中の基本ですね。リードを使えば、犬が何に興味をひかれようとも、行動を制限することができます。飛び掛かっても、クンクン鳴いても、吠えても、色々とはちゃめちゃなことをしても、犬は欲しいものに近づくことができません。

さて、前述した方法の中で、犬の行動を制限するやり方は断トツで最も好ましくない手段になります。これには2つの理由があります。まず1つ目に、いずれはリードを使わずにコントロールできるようにしたいわけですが、欲しいものを手に入れられない理由がリードであることを意識している犬は、リードが外れたときにそのことも意識します。いざリードが外れれば、多くの犬は欲しいものに向かって一目散に走っていきます。リードを使う方法が好ましくない2つ目の理由は、犬が自制することを学ぶ機会を奪ってしまうからです。セルフコントロールは、練習する中で、そこに欲しいものがあるときに自分で自分の行動を選べることを知ることで身につけることができます。物理的に犬の行動を制限すると、犬の自発的なセルフコントロールを抑止してしまいます。

ただしリードは、訓練がレベルアップして行く中で最悪の状態を避ける意味で役立ちます。例えばリードがピンと張ったときは、まだそれを外す段階ではないことの警告になります。気落ちせずに、こう考えましょう。リードを張らずにうまく行動できるようにするには、トレーニングをどう改善したらいいだろうか？ ディストラクションとの距離をあけたり、ディストラクションの価値を弱めたりする必要があるのかもしれません。

犬の行動を制限することでディストラクションをコントロールする方法もあります。リードを使いましょう！この方法は、すべての犬に有効なわけではなく、食べ物よりも好きなモチベーターがある犬であることが条件となります。

完全にコントロールできるものの他に、部分的にコントロールできるモチベーターもあります。犬が大好きなテニスボールを使った例を見てみましょう。椅子の横に座った状態で犬に「マテ」をさせます。そしてその椅子にお気に入りのボールを置きました。犬は「マテ」を保てず、ボールを取ってしまいました。さて、犬は「マテ」を失敗した上に、ボールを手に入れて満足してしまいました。しかし、犬にとってボールが一番価値がある状態は、口の中にあることではなく、あなたが投げてくれることにあります！ 愛犬があなたにボールを持ってきたら、それを投げるのではなく、もう一度「マテ」に挑戦するために椅子に戻します。これは犬にとって重要な教訓になります。飼い主とのやり取りがあってこそ価値を持つモチベーターは、たとえ得られたとしても、飼い主の協力を得られなければ意味がないのです。

トレーニング中は、思わぬ出来事も起こります。それでも大丈夫!

さまざまな理由で、これは非常に重要なトレーニングのシナリオです。なぜなら犬は、人間と協力することが一番得だとすぐに学ぶからです。ただしこの方法が有効なのは、食べ物よりも好きな物がある犬に限ります。すべての犬がそうであるとは限りません。詳細については、実生活に存在するディストラクションとモチベーターに関する章でお話しします。当面、コントロール不可能なディストラクションのある状況では、犬の環境をあなたが管理してください。リードを使いながら、ディストラクションへのアクセスをできるだけ制限し、コントロール不可能なことが起こったら、それはそれで仕方がないと受け入れましょう。ひたすらゴールに向かっていれば、やがてあなたの愛犬は「管理されている」犬ではなく、「訓練されている」犬になるでしょう!

それでは、いよいよトレーニングを始めましょう。

パート② 実践編

Practical Matters

第6章 ディストラクションの導入

ディストラクション・トレーニングで犬にさせる動作は、
必ず犬にとって簡単なものにします。

家で上手にできる動作を現実世界へ持ち出すときがきました。それを行うにはまず犬の周りにディストラクションを導入することから始めます。

もう一度言いますが、この本は「オスワリ」や「マテ」といった基本的なしつけを教える本ではありません。もしあなたの犬が理想的な環境でも「オスワリ」、「マテ」、「オイデ」ができなかったり、リードをつけて上手に歩けなかったりする場合は、陽性強化のトレーニングテクニックを用いて訓練をするドッグトレーナーやトレーニングの本、またはインターネットの記事を探してください。そしてその後に改めて本書を読んでください。

訓練した特定の動作について、ディストラクション・トレーニングに使う準備ができているかどうかわからない場合は、次の簡単なテストをしてください。

一番慣れているトレーニングエリアに愛犬を連れて行きます。食べ物を手に持ち、その特定の動作を指示します。最初または二度目のコマンドですぐにその動作ができたら、問題ありません。準備はできています。

しかし、最初からあたりをうろついている場合や、何度か指示してやっと応えた場合、これはディストラクションが問題なのではありません。基礎トレーニングに問題があります。もう一度、その動作のトレーニングをやり直しましょう。ディストラクションのない環境で、あなたがオヤツを持っていても、簡単かつ確実にこなせないような動作は、ディストラクション・トレーニングに使用しないでください。

ディストラクション・トレーニングで使いたい動作はすべて、先ほどのテストを使ってチェックしてください。先立ってすべての動作を全部テストしてもよいですし、必要に応じて少しずつテストしていってもかまいません。

トレーニングで使う動作が決まったら、次は、適度なディストラクションを選びましょう。そもそも、トレーニングに最適なディストラクションとはどのようなものなのでしょうか？ これは犬によって違ってきますが、根本的には、犬がそれによって気が散ってあなたの指示どおりに行動できなくなるものであり、あなたがそれへのアクセスをコントロールできるものであれば、どんなものでも使えます。

◆具体的なディストラクション例には次のようなものがあります。

- **低レベルのディストラクション：慣れた人が側を通る。カウンターの上の食べ物のかす。部屋の中にいる慣れた他の犬。窓の外で小さな動きがある。**
- **中レベルのディストラクション：カウンターの上の届かないところにあるおいしそうな食べ物。トレーニングエリアを慣れている人または犬が素早く通る。窓の外を人が通る。**
- **高レベルのディストラクション：木々の間を走っていくリス。カウンターの上の湯気を立てている大量の肉。地面にある食べ物（何でも）。トレーニングエリアに知らない人が侵入してくる。**

もちろん、これは非常に大まかな分類になります。実際には、何が気をそらす要素になるかは、犬によってまったく異なります。そばで遊んでいる他の犬が気になって仕方がない犬もいれば、オモチャも他の犬もまったく気にしない犬もいます。

結局のところ、あなたの犬が何に気を取られるのかを探り当てるのはあなた次第なのです。本書のトレーニングを進めていくうちに、今まで気づかなかった、愛犬にとって非常に魅力的なディストラクションを発見することがきっとあるでしょう。

逆に、心配していたディストラクションが実際にはたいして問題にならなかったということもあるかもしれません。

この犬たちは、他の犬がいても、指示されたことが簡単にできます。あなたの犬はどうですか?

レッスンを始める前に、まず、あなたの犬の興味をひきそうで、比較的価値が低いものを2つ選んでください。このとき、片方はもう片方より少し価値の高いものにします。例えば、1つ目のディストラクションとして、カウンターにパンを一切れ置くのがピッタリかもしれません。2つ目の食べ物は、指示したとおりのことができたときにご褒美としてあげるものになるので、あなたの犬がパンよりも好きなものにします。

ディストラクションとご褒美を選んだら、ページをめくって次の章に進み、さっそくレッスンプランをスタートしてください。ほとんどの犬は3週間ほどでレッスンプランを完了します。毎日10分訓練したとすると、全部で3.5時間ほどです。悪くないですね!

第7章 レッスンプラン

この後の章では、ここで紹介するレッスンを行いながらトレーニングを進めていきます。それぞれの章で新しい要素をトレーニングに取り入れていきますが、毎回これらのレッスンを行うことで、決まった手順で効果的に、愛犬がディストラクションを乗り越えられるように手助けすることができます。あなたの犬は、パート2のすべての章を完了する頃には、すっかりトレーニングされた犬になっていることでしょう！ もし、まだ訓練が必要だと感じた場合や、新たなチャレンジに挑みたい場合は、パート3のガイドをご覧ください。

各レッスンでは、特定の指示がある場合を除いて、次の基本的なガイドラインにそって進めてください。

- **愛犬が正しくできたときは『2段階トリートメソッド』でご褒美をあげる。**
  - ○ 手にオヤツを2個持つ。
  - ○ 盛大に褒めながら、手からオヤツを1個あげる。
  - ○ ディストラクションから遠ざかるようにバックして、愛犬がディストラクションではなく、あなたの方を向くようにする。
  - ○ あなたの元に来たら2個目のオヤツをあげる。万歳!
  - ○ ご褒美には、常にディストラクションより魅力的なものを使いましょう。

ブリットは、椅子に置かれたオヤツの入った容器を無視できたので1個目のオヤツをもらいました。

オヤツから遠ざかったあとに、2個目のオヤツをもらいました!

● 愛犬が正しくできなかったとしても心配しないこと。訓練に失敗はつきものです。平常心を保ち、「ダメ」と大声をあげたり犬の身体を物理的に動かしたくなるのをぐっと我慢してください。代わりに、次のステップを行いましょう。

○ ディストラクションの近くまで行く。それを手に取る。
　ディストラクションについて愛犬に話しながら、一緒にそれを眺める。
○ ディストラクションを元の位置に戻す。
○ 前にいた場所へ戻り、もう一度愛犬に同じ動作を指示する。
○ 再び失敗したら、少しだけ難易度を下げましょう。例えば、あなたが愛犬に少し近づいたり、ディストラクションを少し遠ざけりしてもよいでしょう。または、「マテ」の練習をしていたら、目標時間を5秒ではなく3秒にするのもよいですね。

じっとディストラクションを見ているブリット。

飛び上がって取ろうとしたらすぐに取り上げられるようにデニスが構えています!

デニスとブリットは一緒に嬉しそうにオヤツを眺めていますが、ブリットはそれをもらえません。

もう一度挑戦。 今度は正しくできました!

ブリットはオヤツを2個もらって、
たくさん褒めてもらえました!

●3回連続で失敗したら、ストップ。あなたの犬には課題が難しすぎます。1つ前のステップに戻るか、愛犬にとってより簡単な方法を考えましょう。次の質問を自問してください。

○ ディストラクションは十分に価値の低いものですか？
○ ご褒美はディストラクションよりも魅力的なものですか？
○ より魅力的なご褒美を持っていることを愛犬は知っていますか？
○ 最重要ポイント：あなたの犬は、ディストラクションがないとき、本当にそのトレーニング場所でその基本動作を理解していますか？ 愛犬がコマンドを理解していなければ、いくら続けても成功は得られません。

●トレーニング時間は5分間程度、もしくはそれ以下に留めます。トレーニングは楽しくあるべきですから、あなたと愛犬の双方がトレーニングを楽しんでいる場合を除いては、やり続けないこと。同じレッスンは1日に3回までは繰り返しても大丈夫です（ただしそれ以上はやらないように）。毎日10分間のトレーニングを目標とするとよいでしょう。

●1回のトレーニングセッションでは、1つの動作に集中しましょう。別の動作も訓練したければ、別のセッションで改めてトレーニングします。

●1つ1つのレッスンを、成功率が少なくとも80%を超えるまで繰り返しましょう。加えて、愛犬が訓練することに対して明るく意欲的であるべきです。犬が楽しんでいなければ、どんなに良い成果があったとしても、トレーニングセッションは成功していません！

もし失敗が続いたら、簡単にしてあげましょう！ここではディストラクションを
椅子ではなくテーブルに置きました。これでブリットは簡単に成功できます。

レッスン#1：
簡単なディストラクション、簡単な動作

このレッスンでは価値の低いディストラクションを使用してください。

レッスンの流れ

1. トレーニングエリアに愛犬を連れて来る。

2. 愛犬がこちらを見ていることを確認して、
見えるが届かない位置にディストラクションを置く。
犬がディストラクションを認識している必要があるので、隠そうとしないこと！

3. オヤツを2個持つ。これはすぐ必要になります。

4. 愛犬の近くに立ち、「オスワリ」などの理解している動作の指示を出す。

5. 正しい動作をしたら、2段階トリートメソッドでご褒美をあげる。

6. 正しくできなかったら、一緒にディストラクションの存在を確認してから、
もう一度チャレンジ。

7. 訓練は繰り返し10回または5分間（どちらか長い方）までに留める。

価値が低いディストラクションを見せます。

「オスワリ」を指示します。

ブリットが座りました。最初のオヤツをあげます!

ディストラクションから遠ざかりながら、
2個目のオヤツをあげます。

レッスン#2:
簡単なディストラクション、違う動作

このレッスンはレッスン1の繰り返しです。訓練に使う動作だけが違います。

レッスンの流れ

1. トレーニングエリアに愛犬を連れて来る。

2. 愛犬が届かない位置にディストラクションを置く。

3. 手にオヤツを2個持つ。

4. 別の動作を指示する。「オスワリ」を練習していたなら、今度は「フセ」、リードなしで数秒歩く、または「オイデ」で呼びよせる練習などが良いかもしれません。ちなみに「オイデ」の練習を選んだ場合、愛犬がディストラクションに向かうのではなく離れなければならない位置に立ってください。そうしないと、実際にあなたの元に来ているのか、ただオヤツに向かって来ているのか区別できません。

5. 成功したら、前のレッスンと同様に2段階トリートメソッドでご褒美をあげる。

6. 失敗したら一緒にディストラクションを確認して、そのあともう一度チャレンジ。

ディストラクションから「遠ざかる」ようにして、「オイデ」の練習をするブリット。

レッスン#3:

新しいディストラクション

このレッスンでは新しいディストラクションを導入します。まずは価値の低いディストラクションから始め、徐々に価値を上げましょう。そのときモチベーターの価値も同時に上げることを忘れずに!

レッスンの流れ

1. トレーニングエリアに愛犬を連れて来る。
2. 愛犬が届かない位置にディストラクションを置く。
3. 手にオヤツを2個持つ。
4. 簡単な動作を指示する。
5. 正しい動作をしたら、2個のオヤツをあげる。
6. 失敗したら一緒にディストラクションを確認して、そのあともう一度チャレンジ。
7. さまざまなディストラクションを使って、このレッスンを繰り返す。

多様なディストラクションが必要です。

レッスン#4:
犬の位置を変え、ディストラクションの位置は変えない

このレッスンでは難易度を少し上げるので、初めて挑戦するときは価値が低いディストラクションを使用してください。愛犬が慣れてきたら、ディストラクションの価値を上げても大丈夫です。

いつもの位置にディストラクションを置く。

レッスンの流れ

1. 愛犬が見ていることを確認し、いつものところにディストラクションを置く。

2. トレーニングエリア内で新しい位置に移動する。

3. 動作を指示する。

4. 成功した場合、2個のオヤツをあげ、再びトレーニングエリア内で別の位置に移動し、レッスンを繰り返す。

5. 失敗した場合、まずは一緒にディストラクションを見に行く。そのあと今度は、前のレッスンで使用していた通常の位置と、直前にレッスンしていた位置の中間地点を選び、チャレンジする。愛犬が失敗した場合は、難易度を下げましょう!

6. トレーニングエリア内で少しずつ位置を変えながら5~10回繰り返す。

新しい位置に移動して、動作を指示する。

「オスワリ」を指示します。

ブリットが座りました。最初のオヤツをあげます!

ディストラクションから遠ざかりながら、
2個目のオヤツをあげます。

レッスン#5:

犬の位置は変えず、ディストラクションの位置を変える

難易度を上げて新しいレッスンを始めるときは、ディストラクションをもう少し簡単に無視できるものにすることをお忘れなく。愛犬が慣れてきたら、ディストラクションの価値を上げても大丈夫です。

レッスンの流れ

1. 今回は、トレーニングエリアを愛犬とあちこち移動するのはやめ、元のトレーニング場所に戻る。
2. ディストラクションを別の（でもやはり愛犬から届かない）位置に動かす。
3. 成功した場合、上出来! 2段階トリートメソッドで褒め、ディストラクションをまた別の位置に移し、レッスンを繰り返す。
4. 失敗した場合、大丈夫。犬は、汎化が苦手な上に、このレッスンは難易度が高いため、失敗はむしろ想定内です。愛犬に「ダメ」とは言わず、ただディストラクションを一緒に確認して、もう一度チャレンジしましょう。

「フセ」を練習するブリット。

レッスン#6:

少しずつ近づく

このレッスンではディストラクションを犬に近づけていきますので、犬に取られないようにディストラクションをコントロールする方法が必要になります。一つの方法は密閉容器に入れることです。ここでは愛犬についての知識が必要になります。あなたの愛犬の体重が3kg程の小型犬なら、単にビニール袋にディストラクションを入れてしまえば十分でしょう。小型犬は物を口で開けるのがそれほど速くありませんから、たとえ袋を掴まれてしまっても簡単に取り戻すことができます。しかし、体重が35kgを超える大型犬の場合は、ビニール袋は使わないでください。「おいしい?」と聞く間もなく食べ物と袋を丸ごと一気にペロリと食べてしまう恐れがあります。もう一つの方法は、ナイロンのストッキングの中に容器ごと入れることです。力が強い犬、または非常にがっつくタイプの犬の場合は、大きなプラスチック製の食品保存容器などのより頑丈な容器を使いましょう。

注意:

上記のレッスン内容を読んで、愛犬から何かを安全に取り上げることができないと考え不安を覚えた方は、本書を読むのをやめて助けを求めてください。少しでも噛まれる不安があるのなら、ディストラクションを無視する訓練よりも先に取り組むべき課題があります。まずは愛犬の問題行動に取り組むことが最優先です。幸い、このリソースガーディングと呼ばれる問題行動(自分のものを取られまいとする行動)は解消できます。しかし、助けてくれるプロのドッグトレーナーに必ず相談しましょう。

ディストラクションが入ったお皿を、ナイロンのストッキングの中に通しています。

レッスン＃6（続き）

レッスンの流れ

1. 愛犬が見ている中、コントロールされているディストラクションを愛犬に近づける。例えば椅子や低い棚など、目線に近い所を選ぶ。
2. 簡単な動作を指示する。
3. 成功したら、2段階トリートメソッドでご褒美をあげる。
4. 失敗したら一緒にディストラクションを確認してから、もう一度チャレンジ。
5. 毎回ディストラクションの位置を変えながら、5～10回繰り返す。
6. 2回目以降は、少しずつディストラクションの価値を上げたり、ディストラクションに対する自分の立ち位置を変えたり、使う動作を変えたりしてもかまいません。

コントロールされたディストラクションのすぐ横では簡単な動作を練習しましょう!

レッスン#7：持続する

このレッスンでは「持続」という概念を学習します。これまでよりも長い時間のかかる動作を選んでください。「オスワリ」や「フセ」はすぐに出来てしまいますので、「マテ」や、リードをゆるめて歩くことなどがよいでしょう。このレッスンの間は、動作の完了後だけではなく、動作を行っている最中にもご褒美をあげてかまいませんし、むしろそうすることをオススメします。

訓練は一度に5分以上はやらないでください。1回のトレーニングセッションでこのレッスンをすべて簡単に終えてしまう犬もいれば、ステップごとに1回かそれ以上訓練する必要がある犬もいるでしょう。どちらでも大丈夫です！

レッスンの流れ

1. トレーニングエリアに愛犬を連れて来て、届かない位置にディストラクションを置き、「持続」する必要がある動作の練習をする。
2. ディストラクションの価値を上げながら動作の訓練を続ける（モチベーターの価値も同時に上げることを忘れずに！）。
3. 静的な動作を練習している場合は、部屋の中で別の位置に移動する。
4. 今度はディストラクションを部屋の別の位置に移す。
5. レッスン6と同様に、ディストラクションを犬に近づける。
6. それぞれのステップを、少なくとも2つの動作で繰り返す。

「フセ」で持続の練習をしているブリット。

レッスン#8:

ディストラクションはコントロールされず、犬はコントロールされている

このレッスンを行うには愛犬をリードにつなぐ必要があります。ディストラクションがコントロールできないので、リードが伸びきった状態よりも少なくとも30cmは遠い位置にディストラクションがあるように注意しながら、各ステップの準備をしてください。

なお、このレッスンでは、リードが張ったときはすべて「失敗」と見なします。失敗への対処方法はいつもどおりです。一緒にディストラクションに近づいてディストラクションを確認し(しかし犬に届かないように注意)、また元の位置に戻り、再チャレンジしましょう。

レッスンの流れ

1. 愛犬をリードにつなぎ、ディストラクションは容器から出す。
2. 愛犬が届かない位置にディストラクションを置き、動作を指示する。成功したら、2段階トリートメソッドでご褒美をあげる。
3. 引き続き届かないように注意しながら、ディストラクションの価値を上げて、動作を指示する。
4. トレーニングエリア内を移動し、新しい位置に移動するたびに動作を指示する。
5. 今度は立ち位置を変えず、ディストラクションの位置をあちこち移動させる。
6. ディストラクションを犬に近づける。

ブリットは、リードにつながれながらオヤツのすぐそばを通ります。

レッスン＃9：

ディストラクションも犬も コントロールされていない

このレッスンでは、リードを外します。したがって、ディストラクションも犬もコントロールできませんので、協力者が必要になります！ 愛犬がディストラクションに向かって行ったら、協力者の出番です。愛犬よりも先にディストラクションを拾い、あなたに渡してもらいましょう。それからディストラクションを確認して、再チャレンジしてください。

レッスンの流れ

1. リードをつけずに愛犬をトレーニングエリアに連れてくる。愛犬から離れた位置にコントロールされていないディストラクションを置く。動作を指示して、成功したら2段階トリートメソッドでご褒美をあげる。
2. ディストラクションの価値を上げて、動作を指示する。
3. トレーニングエリア内を移動し、新しい位置に移動するたびに動作を指示する。
4. トレーニングエリア内で同じ位置にいながら、ディストラクションの位置をあちこち移動させる。
5. ディストラクションを愛犬に近づけて、動作を指示する。
6. さまざまな協力者で、すべてのステップを繰り返す。

オヤツを見つめながらも、「マテ」を維持しているブリット。必要であれば手助けできるように協力者が待機。

床にあるオヤツの横を通りながら、ブリットは「オイデ」の呼びかけに応えました!

レッスン# 10:
すべてを組み合わせる

これまではトレーニングセッションごとに1つの動作しか求めませんでした。それはここで変わります! このレッスンでは一度のセッションで複数の違う動作を指示していきます。

レッスンの流れ

1. 最初はコントロールされたディストラクションを使うところから始める。届かないところに置き、動作を指示して、成功したら2段階トリートメソッドでご褒美をあげる。同じ流れを、違う動作で繰り返す。「オスワリ」などのすぐに完了する動作と、「マテ」などの持続系動作の両方を練習する。動作を成功させるたびに2段階トリートメソッドでご褒美をあげるのを忘れずに!
2. ディストラクションの価値を上げ、複数の違う動作を指示する。
3. トレーニングエリア内を移動する。
新しい位置に移動するたび、複数の違う動作を指示する。
4. トレーニングエリア内で同じ位置にいながら、ディストラクションの位置をあちこち移動させる。繰り返すたびに、複数の動作を指示することを忘れずに。
5. ディストラクションを犬に近づける。複数の動作を練習する。
6. 愛犬をリードにつなぎ、ディストラクションを容器から取り出して、
1~5のステップを繰り返す。
7. 愛犬からリードを外し、コントロールされたディストラクションを使って、
1~5のステップを繰り返す。このステップには協力者が必要になります!

おめでとうございます!

10個すべてのレッスンを完了しました! あなたの愛犬は、リードをつけた状態とつけてない状態の両方で、コントロールされている、およびされてない、さまざまなディストラクションも無視することに成功しました!

第8章 場所を変える

前の2つの章でとても頑張って練習した甲斐あって、あなたの犬は、ディストラクションがあっても、あなたの指示に応えられるようになりました! でも、それはいつもの場所限定です。トレーニングしている部屋からまったく出ることがないのであればそれでも構いませんが、現実はそうはいきません。この章では、どこへ行っても愛犬があなたの指示に応えられるようになるためのお手伝いをします。

◆はじめに、愛犬と次のテストをしてください。

新しいトレーニング場所で、ディストラクションがない状況で、ご褒美を手に持ち、愛犬に何か動作を1つ指示してください。

2回以下の指示ですぐに正しい動作ができたなら、上出来! このまま先に進んで大丈夫です。

しかし、あなたが何を望んでいるのかさっぱりわからないとでもいうように、しっぽを控え目に振りながら、きょとんとした顔で見つめてきたなら、あなたの犬は新たなディストラクションに挑戦する準備がまだできていません。愛犬を新しい場所に連れていき、おいしそうなご褒美を見せながら指示を出し、愛犬が指示どおりの動作を行えるようになるまでは、ディストラクションのないさまざまな場所で、基本の動作をしっかり練習しましょう。

新しいトレーニング場所を選ぶときは、変化が一足飛びにならないように注意してください。いつもトレーニングをキッチンでしていたのなら、今度はリビングに行ってみましょう。そこですべてのレッスンプランをひととおり行い、再び場所を移動します。次は寝室、その次にバスルームはどうでしょうか？

家中をすべて回りきったら、次に変化が一番少ない場所はどこか考えましょう。 玄関先はどうでしょうか？ あるいは裏庭、前庭、はたまたお隣さんの家の前はどうでしょうか？

ブリットがさまざまな位置と場所でトレーニングをしています。
すぐに、地面にオヤツやオモチャがあっても、正しい動作ができるようになるでしょう。
遠くに生徒がいる中で、「フセ」をしながら待つ練習中のピラ。

新しいトレーニング場所に移ったら、毎回まず、あなたがオヤツを持っている状態で、愛犬が指示された動作を行えるかどうかを確かめます。場所を変えるだけでもディストラクションは（意図して導入しているディストラクション以外にも）増えるので、ここは重要なポイントです。コントロールされたディストラクションを用意する点は変わりませんが、必ず、その環境にあるディストラクションよりも愛犬の興味をひくディストラクションを用意してください。これは反直感的に感じるかもしれませんが、実際のところ、あなたの犬がトレーニングの内容よりもあたりの匂いをかぐことに気を取られているようであれば、それは問題です。あたりの世界よりも愛犬の興味をひくディストラクション（そしてご褒美）を使用してトレーニングをスタートしてください。

注意深く新しい場所に慣れさせていけば、環境のディストラクションは少なくなるので、愛犬は、リードをつけていないかあるいは緩めた状態でも、あなたに、もしくはあなたが用意したディストラクションに完全に注意を向けることができるはずです。しかし実際には、新しい環境の適切さを過大に評価してしまうこともあるでしょう。ですから、新しい場所は安全も確保できる場所でなければなりません。何らかの方法で愛犬を拘束する必要があります。つまり、場所によっては、10のステップすべてでリードを使わないといけない場合もあるでしょう。トレーニングのために犬を危険にさらすことがあってはなりません。あなたと何かをすることにまったく興味を示さない犬をリードなしでトレーニングするより、リードにつながれて集中している犬をトレーニングする方がはるかに賢明です。

外出先でトレーニング中のマジックとトリニティ。安全のためにリードをつけています！

また、いずれどのような場所に愛犬を連れて行きたいかも考えましょう。ペットショップに行くときや、学校に子供を迎えに行くとき、あるいは町内のサッカー試合に子供と一緒に行くときに連れていくこと、そして緩めたリードで近所を散歩することが目標なら、まさにそれらの場所をトレーニングに使うべきです！ こうした場所の候補を検討して、環境の変化が一番小さいものから大きいものまでランクづけしましょう。一番簡単な場所からスタートして、次第に難しさを上げていきます。

犬を連れて行きたい場所すべてで練習しましょう。

もともと行く予定のある場所でトレーニングすることには大きなメリットがあります。それは効率的だということです！ すでにそこへ行く予定だったのですから、トレーニングのためにわざわざどこかへ出向く必要がありません。学校まで子供を迎えに行くときは、比較的人が少ないうちに練習ができるよう10分早く到着します。子供たちが教室から出てきても続けて練習できるようになるまで頑張りましょう！ コンビニに買い物に行く必要があるなら、愛犬を連れていって数分だけ店の前でトレーニングをしましょう。わざわざ時間を作る必要がない方が、プランどおりにトレーニングを進めやすくなります。

人が見ている場所で、ディストラクション用のオヤツが入ったジップロックの袋を片手に犬のトレーニングをすることに、はじめは戸惑いを感じるかもしれません。しかしすぐに、興味をもって眺める人がいることに気づくでしょう。あなたと犬が何をしているのかと話しかけてくる人もいるかもしれません。

ディストラクションの守り役として、友人や見知らぬ人にどんどん手伝ってもらいましょう。あなたの犬には、人間全員があなたの協力者だと思うようになって欲しいのです！また、失敗しても大騒ぎせずにこやかに対処しましょう。おいしそうなオヤツを愛犬に見せ、あげずに元の位置に戻して、もう一度トライします。

ほとんどの犬は、この訓練方法で驚くほどの成長を見せます。毎日10分の訓練を数週間続けた後のあなたの犬は、おそらくいろいろな状況で、あなたの用意したディストラクションを完全に無視できるようになっているでしょう。すでに完了している約3時間のトレーニングと合わせて、これまでに合計で6時間ほどの時間を投資したことになります。そして、素晴らしい成果が得られています。

大変！ ディストラクションが多すぎました！ トレーナーがちょうどよい練習場所を見つけるまで、リードがファイベルを守ります。

もしあなたの犬のトレーニングがなかなか思うように進まなくても、落胆することはありません。トレーニングは、あなたと愛犬の絆を強くしていくプロセスでもあることを忘れないでください。ともに歩む道のりに意識を向けましょう。

Grodin, 2013

ちょうどよいディストラクションレベルで、「オスワリ」で待つことを成功させるファイベル。

それではさっそくトレーニングを始めましょう。これから、前章で説明したトレーニングプランを実行していきますが、今度はそれを新しい場所で行います。最初は家の中で簡単なことから始めましょう。それから庭に出てみます。その次は学校やコンビニの前、といった具合です。変化は一度に1つずつとするように注意しましょう。はじめはあなたがディストラクションを提供し、それに犬が動じず行動できるようになったら、現実にある予測不可能なディストラクションのある状況に進みます。そのときは、あなたのあげるご褒美が、まわりの世界のどんなディストラクションよりも魅力的であるようにしましょう。私たちは犬に成功してほしいのですから!

第9章 オヤツを持つことをやめる

この先もずっと手にオヤツを持っていたいですか？

あなたの犬は、家でも外出先でも、そしてディストラクションがある環境でも、大きく成長した様子を見せてくれるようになりました。そこで今度は、あなたがギュッと握りしめているそのオヤツについてお話ししましょう。

前の2つの章では、ご褒美のオヤツを2個手に持つように言いました。そこには、なぜあなたに協力するとよいのかを犬にわかってもらうためという意図がありました。それに、愛犬に基本的な動作を教えたときに、オヤツを手に持ってトレーニングしたでしょうから、できるだけなじみのある状況を作りたかったのです。

しかし、犬に見えるようにオヤツを持つ習慣からはもう卒業しなければなりません。その必要があるのだろうかと疑問に感じる場合は、次の点について考えてください。

1. 本当に、これからもずっとオヤツを持ち続けたいですか？
2. オヤツが手元になかった場合はどうしますか？
3. もし愛犬が、あなたの用意するオヤツより他のものの方が良いと判断したらどうしますか？

ライリーとステラは、目に見えなくても、オヤツがあるかもしれないことを理解しています！

今はオヤツを命綱のように握りしめていても、良いトレーニングを行うには、いつかオヤツから卒業する必要があります。私たちはあなたの犬を楽観的なギャンブラーにしたいのです。そのためには、いつまでも目の前にニンジンをぶらさげているわけにはいきません。

オヤツの助けから卒業するには、レッスンプランを数回繰り返す必要があります。でも心配は無用です。ほとんどの犬はすぐに卒業できるでしょう。なぜなら、これまでのトレーニングで、どのような状況でも協力するのが習慣になっているからです（これについては、パート3で詳しくお話しします）。

ラウンド1：オヤツをポケットの中に！

このラウンドのレッスンは、慣れているトレーニング場所で行います。何か1つトレーニングの要素を変えるときは、必ずその他のことが犬にとって簡単になるようにします。今回の変更要素は、あなたの手の中にあるオヤツです。

レッスン1の通常通りのセットアップからスタートしますが、今回はトレーニング中ずっと手にオヤツを持っているのではなく、オヤツを犬に見せてからポケットにしまいましょう。そして、何かの動作を指示します。

正しくできたら、ポケットからオヤツを取り出して、いつものようにご褒美をあげましょう。

正しくできなかったら、ポケットからオヤツを取り出して、犬に見せましょう。これはディストラクション・トレーニングで用いたメソッドとまったく同じですから、すでによく知っているはずです。今度は、ディストラクション（価値の低いもの）も、今逃したばかりのオヤツ（価値の高いもの）も、犬に見せましょう。もちろん見せるだけで、あげません。「これだよ。キミが取り逃したオヤツは」というわけです。

トレーニング中のロバ。エリカさんは手にオヤツを持っていません。

ロバが「オスワリ」に失敗したので、オヤツを見せるエリカさん。見えなくてもオヤツはあるのです！

ラウンド2：部屋の反対側にあるオヤツ

再びすべてのレッスンを繰り返しますが、今度は犬にオヤツを見せたら、ポケットではなく部屋の別の場所に置きます。このとき、部屋の中の、ディストラクションからは反対側に置いてください。そうすると、ご褒美をあげるときにディストラクションから離れるように移動することになります。

今度は、ご褒美のオヤツが部屋の反対側にあります。

成功させました！オヤツがいくつか入ったボウルをロバにあげるエリカさん。

ここで動作の指示を出します。正しくできなかったら、もらえるはずだったご褒美を見せて、もう一度はじめからやり直します。正しくできたら、オヤツがあるところまで一緒に行き、ご褒美をあげましょう。愛犬が一生懸命頑張って勝ち取ったご褒美を！

ほとんどの犬は、わずか数日でラウンド1（ポケットのオヤツ）とラウンド2（部屋の反対側のオヤツ）のステップをこなすでしょう。次からはいよいよ本格的に「賭け」の概念をあなたの犬に教えていきます。

ラウンド3：見えるご褒美がない！

今度の訓練では、トレーニング場所に犬を連れてくる前に、オヤツをどこかに隠します。トレーニングが始まるまでオヤツを見せてはいけません。今回は、あなたが動作の指示を出すたびに、犬は賭けをすることになります。あなたが何をくれるのか、そもそも何かをくれるのかどうか、わからないのですから。

動作が正しくできたら、オヤツを取りに行き、愛犬にあげます。いっそのこと、いくつかあげましょう。よく頑張りました！ また、オヤツをあげるときは、心を込めて盛大に褒めることもお忘れなく。

「オスワリ」の合図で座るロバ。そして....

ご褒美が冷蔵庫から出てきました！

動作が正しくできなかったら、オヤツを取りに行き、愛犬に見せましょう。そしてすぐにやり直すのではなく、いったん部屋の外へ連れ出してから仕切り直します。これをやらないと、この先ずっと「オヤツがあることを確認しないとやらない」癖を作ってしまいますので、重要なポイントです。

むしろ、ご褒美であるオヤツの位置を毎回動かせるように、成功失敗にかかわらず、毎回いったん部屋から出るようにしましょう。そして部屋に戻り、トレーニングを再開する流れを繰り返します。愛犬があなたを無視して部屋のなかを嗅ぎ回り、オヤツ探しをはじめても、問題ありません。得られるはずだったオヤツを見せ、一度部屋の外へ出て仕切り直しましょう。

この段階で数日つまずく犬もいますが、ご心配なく。その子たちも、できるようになります！ もし愛犬が最初から難なくこなすことができたなら、それは素晴らしいことです！

ラウンド4：現実世界には見えるオヤツがない

ではいよいよトレーニングの場を実生活環境に移しましょう。この段階では、少し前準備が必要です。新しいトレーニングエリアにディストラクションを置くことに加え、ご褒美もどこかに置きましょう。時間短縮のため、犬を連れてくる前にあらかじめ4～5箇所にご褒美を置いておくこともよいでしょう。そうすると、オヤツからオヤツへ移動しながらご褒美をあげられます。

ラウンド5：ご褒美の質への賭け

このステップでは、まず次のテストを行ってください。家ではない新しい環境に愛犬を連れて行きます。魅力的なディストラクションを地面に置きます。このとき、ディストラクションは、密閉されていない容器に入れておくか、協力者にそばにいてもらいます。オヤツをその場のどこかに前もって隠し、あなた自身はオヤツを持たずに、愛犬を連れてきます。動作を指示します。リードをピンと張らせることなく成功したなら、ここで、ご褒美の質への賭けという概念を教えてあげましょう。

この時点で初めて、モチベーターとして使用するオヤツの価値を一定ではなくします。価値の高いものから低いものまで、さまざまなモチベーターをボウルに用意してください。10回繰り返すなら、価値のレベルが1～10のオヤツを2個ずつ、合わせて20個準備しましょう。

成功したらどのご褒美がもらえるのかな？ お気に入りが当たるまで、「賭けにでる」ことを教えましょう！

価値のレベルが5くらいのディストラクションをトレーニングエリアに置いてください。そこに愛犬を連れてきて、通常通りにトレーニングを開始します。ただし今回は、ご褒美のオヤツを先ほどのボウルからランダムに出すので、それがディストラクションよりも価値があるものかどうかはわかりません。ボウルからオヤツを取り出すときは、何が出てくるかは誰にもわからないようにしましょう。

このように学習者に賭けをさせることは非常に効果的です！ 意外に思うかもしれませんが、実際、賭けをしているときに犬はよりいっそう頑張るようになるのです。人間でも同じですが、期待を呼び起こす少しの不確実さが楽しいのです。「今度は普通のご褒美かな？ それとも大当たりして、大好きなご褒美がもらえるかな？」と考えます。これから先、本書ではこの特性を有効利用してトレーニングを行います。

ここで、先へ進む前に、今までトレーニングに費やしてきた時間を計算してみましょう。1日2回、約5分間のトレーニングをしているなら、開始してから3か月ほどたっているはずです。つまり合計で約9時間のトレーニングをしてきたことになります。これだけの投資に対して、素晴らしい成果が得られているのではないでしょうか？

第10章 オヤツを減らし、生活の中にあるご褒美に切り替える

大人しく座っているアーサ。水に飛び込みたかったら、
まずは飼い主の言うことをきく必要があると知っています。

トレーニングで使用するオヤツの量を減らす方法を模索しましょう。それにはまず、食べ物ではないご褒美を使うことを考えます。その理由は単純です。型通りのトレーニングを実生活で使えるものにしたいからです。そうすることで、オヤツを常にポケットに入れて持ち運ぶ必要がなくなるばかりではなく、環境にあるディストラクションがあなたの用意したものより魅力的だとしてもトレーニングできる（そして環境のディストラクションに勝てる）ようになります。次の章では、1個のオヤツで複数の動作を求めるトレーニングをします。

◆しかし、その前に、犬にあげられる主な 3タイプのご褒美を紹介します。

まず1つ目は食べ物です。ほとんどの犬には食べ物がモチベーターとして簡単かつ有効な選択肢であることは言わずもがなですね。非常に効果的で、手頃。そのうえ正しく扱うのが簡単なので、これまでのトレーニングではもっぱら食べ物を使用してきました。ほとんどの犬は自然と食べ物に興味を示します。犬に新しい行動を教えるときに、食べ物は素晴らしい選択肢です。特にクリッカーを使ったトレーニングや、シェーピングという技法でトレーニングをするときには、食べ物が効果的です。なぜなら、短い時間内にご褒美をたくさんあげることが簡単だからです。しかし残念ながら、使いやすいからこその落とし穴もあり、徐々に使用率を下げていかないと、それに依存してしまう恐れもあります。

犬たちが静かに座っています。オヤツを期待しているのです。

2つ目はオモチャです。オモチャが大好きで、オモチャで遊ぶチャンスを得るために一心不乱にトレーニングに取り組む犬もいれば、オモチャにはとんと興味を持たない犬もいるでしょう。しかし、オモチャで遊ぶのは一回一回時間がかかるため、たとえオモチャで上手に遊べる犬でも、トレーニングにオモチャを用いるのは容易ではありません。オヤツのご褒美は数秒で食べられますが、オモチャでの遊びは毎回最低でも15秒はかかるので、ご褒美のたびに時間を使い過ぎてしまいます。

ヨシがかかるまで、大人しく座っています。ご褒美は、池の中に飛び込んで「とってこい」のゲーム!

そして最後の3つ目は、生活の中にあるご褒美です。日常生活で犬が欲しい（あるいは必要とする）ものをご褒美にします。自分が欲しいものを得られるかどうかは、あなたが欲しいものを得られるかどうかにかかっていることを教えます。お外に行きたい？ それならまずは大人しくお座りしてね。ドッグランに入りたい？ それなら入り口までリードをたるませた状態で歩こうね。リスを追いかけたい？ それなら合図があるまでお座りして待ってね。こうして見ると、実生活にある出来事をご褒美として上手に使えば、毎日の生活の中にトレーニングのチャンスがあふれていることに気がつくでしょう。

車に走っていきたい衝動をコントロールしているクラウド。協力することの価値を理解しています。

生活の中にあるご褒美は、愛犬に次の2つの原理を教えます。1つ目は、心の衝動は自分でコントロールでき、欲しいものを得るためには、まさにそうしなければならないこと。そして2つ目は、自分の必要なものや欲しいものを得るカギは、あなたに協力することだということです。あなたの犬は、外で遊んだり、車でお出かけしたりといった楽しいことをしたいなら、まずは自分が求められた行動をしなければなりません。これによって、何か欲しいものがあるときは、まずあなたに確認する、という習慣が身につきます。

生活の中にあるご褒美は、独立心の強い犬に対して特に効果的です。独立心の強い犬が望むものをあなたがコントロールしていれば、あなたの価値は上がり、その犬の行動をコントロールできる可能性が高くなります。

時には生活の中にあるご褒美をあげるのが難しい場合があります。子犬にトイレトレーニングをしているときに、トイレに行くためにドアをあける前に、子犬がお座りするのを待ってはいられませんね。その場その時のシチュエーションに合わせて判断しましょう。

生活の中にあるご褒美をトレーニングに使うための最初のステップは、犬にディストラクションをあげてしまうことです。はい、書き間違いではありません。「これまでずっと犬におあずけさせていたものをあげるの？」その通りです。

…ですが、ただではあげません。まずはあなたの犬が、あなたの望むことをしなければなりません。

雪の中を走って遊びたいステラ。最初にトレーナーに呼ばれて「オイデ」を成功させたら、ご褒美は自由に走り回ること!

この概念を教えるには、いつものトレーニングエリアにコントロールされたディストラクションを用意し、同じ部屋のどこかに同等レベルのご褒美をいくつか置いて準備します。愛犬を連れてきて、動作を指示します。今やあなたの犬は機械のようにほぼ即座に指示に応じられるようになっているでしょう。しかし、いつも通りモチベーターを取りに行くのではなく、今回はまっすぐにディストラクションに向かい、少しだけあげてください。この行動は、「私の望む行動をしたら、ときどき、一番欲しいものをあげる」と犬に伝えることができます。

ディストラクションがある中でトレーニングするジョイ。ご褒美に、ディストラクションそのものをもらいました!

この1回目が完了したら、もう一度レッスンプランを繰り返しますが、今度のご褒美には、隠してあるオヤツをあげるか、ディストラクションそのものを取らせてあげます。ここで大切なポイントは、決して犬に勝手にディストラクションを取らせないことです。取る許可を出すのはあなたです。はっきりヨシと許可を与える必要があります。どうぞというように手を前に出して、犬にあなたの前を行かせ、容器の蓋をあけてディストラクションを取らせてあげましょう。

犬が「飼い主に協力すれば、欲しいものがもらえる。ともするとディストラクションさえも!」という基本的なルールを理解するまで、さまざまな場所でこのプロセスを行います。

さてここで、再び基準を上げます。今度はトレーニングのシナリオを設定するのではなく、生活の中で自然と訪れるトレーニングのチャンスを使います。庭に出たがっているなら、まずは「オスワリ」を指示しましょう。できなかったら、少し間その場を離れます。そしてもう一度トライしましょう。最初は、犬が協力するまで10回以上これを繰り返すことになるかもしれませんが、いずれ出来るはずです! でもやり過ぎは禁物です。正しい行動をしたらすぐドアを開けてあげましょう! 2分間の「マテ」をさせるより、素早くご褒美をあげた方がずっと早くこちらの意図が伝わります。

次回庭に出る前に「オスワリ」を指示したときはどうなるでしょうか。すんなりと座ってくれるはずです。上出来です。では、ドアを開ける前にもう一つ別の動作を指示してみましょう。これも出来ましたか？ ならば、少し持続が必要なことも要求してみましょう。「マテ」を3秒間出来ますか？ 素晴らしい！ドアを開けてあげましょう!

では次に、別の変化を加えましょう。今度は、動作を指示したら、ドアを開き始めます。もし、あなたがはっきりヨシと許可を与える前に犬が動いてしまったら、ドアを閉じます。そうです、先ほどとは方針が異なります。ドアが開いたからといって走って行ってよいわけではないと愛犬に教えるのです。ほとんどの犬が1日か2日ほどで、目の前でドアが全開でも大人しく待つことを学習します。

最後に、この概念を汎化させましょう。例えば、あなたの犬が散歩に行きたがっているとき、リードをつける前にお行儀よく座るように言いましょう。もし立ち上がったら、あなたはリードをつける作業をやめます。そして最初からやり直しましょう。1日目は、実際に散歩する時間よりも、リードをつけるのに、より多くの時間がかかるかもしれません。しかし、2日目には、すっかり見違えているはずです。あなたがリードをつけている間、大人しく座って待つようになります。期待でそわそわしているかもしれませんが、それもお行儀の良い「そわそわ」でしょう!

ディストラクション・トレーニングを賢く行えば、たとえ木にリスがいても、犬の注意をこちらに向かせることができるようになります。でも、もし状況が安全なら、ディストラクションに戻らせてあげましょう!

他にはどのようなところでこのトレーニングができるでしょうか？ 犬の個性によりさまざまです。あなたの犬は何を欲しがりますか？ 泳ぐのが好きですか？ その前にあなたが指示したことをしてもらいましょう。できなければ、泳ぐのもなしです。ごはんを食べたがっていますか？ ごはんを床に置くまで、大人しく座って待ってもらいましょう。「マテ」ができずに動いてしまいましたか？ ごはんはあげません。リスを追いかけたがっていますか？ 自由にさせる前に、リードをピンと張らずに目標の木まで歩かせましょう。しかしリスを追いかけるのを待たせるような、犬にとってとてつもないセルフコントロールを必要とするような行動のさせ過ぎは禁物です。犬は必ず学習してくれます。それも、とても速いスピードで！

先に進む前にここで一度、これまでのことをざっと復習しましょう。本書でこれまで紹介してきたレッスンのステップをすべて完了させたなら、あなたの犬は、ディストラクションがあっても、さまざまな場所で、モチベーターの有無にかかわらず、正しく行動できるようになっているはずです。たとえご褒美の食べ物がないときでも、毎日楽しんでいることをするチャンスを得るために、お行儀よく行動できる犬になりました。これまでにトレーニングに費やした合計時間は12時間以下です。なんとお得なトレーニングでしょう！

第11章 オヤツを減らす「もっとやって見せて！」

ここまでのすべての章を読み進めてトレーニングしてきたなら、あなたの犬は、さまざまな状況で指示された動作をこなせる素晴らしい犬になっているでしょう。ただし、毎回オヤツをあげたなら、という条件付きです。今こそ、もうひとつの賭けの概念を愛犬に教える時です。それは、いくつの動作をこなしたらオヤツをもらえるかわからない、という賭けです。

競技に出るような犬は、ディストラクションがある中でもさまざまな動作をこなします。

そのためには、「行動連鎖」（ビヘイビア・チェーン）を犬に教えます。行動連鎖とは、一連の動作の流れのことを言い、そのすべてを行って初めてご褒美がもらえます。行動連鎖の簡単な例は、「オスワリ」、「マテ」（あなたが部屋の中を移動する間）、そして「オイデ」で呼び寄せる流れです。この一連の流れを1個のオヤツのために行います。それぞれの行動（「オスワリ」、「マテ」、「オイデ」）に1個ずつご褒美をあげるのではなく、1個のオヤツで、言うなら一石三鳥を狙います。オヤツ1個で3つすべての行動をしてもらうのです。

いつものトレーニング場所に戻ってください。見える場所にディストラクション（食べ物も）はないようにします。ここで何かの1つの動作を指示してください。ここまでの経験がありますから、これは簡単ですね。望む行動をしたら、いい子だと褒めてあげましょう！ そして、オヤツをあげるかわりに、素早く別の動作を指示します。この動作も成功したら、ご褒美をあげましょう！ さあこれで、1個のオヤツで、2つの動作をしてもらうことに成功しました。

ここから再びレッスンプランに戻りますが、今度要求するのは1つの動作だけではなくなります。かわりに、1個のご褒美のために1～10個の動作を求めます。オヤツをもらえるまでいくつの動作をこなす必要があるのかが愛犬にわからないようにしましょう。私たちは究極の「ギャンブラー」を育てたいのです。難易度をゆっくり少しずつ上げていけば、愛犬は、ディストラクションがあっても、一度に数分間、集中して意欲的に取り組めるようになるでしょう。

もし失敗した場合は？ もう一度最初からやり直しましょう。もし5つの動作を成功させるのが目標で3つ目の後に失敗したなら、やり直しのときにも5つを目指しましょう。この場合、ここでタスクを簡単にしてしまうと、犬は頑張ることを覚えず、難しくなっても挑戦し続けることを学びません。

このトレーニングは本当に実生活でも役立つのでしょうか？

バジルはトレーニングが大好き!次にご褒美のオヤツがもらえるまでしばらく間があいても気にしません。

その質問にお答えする前に、まずはテレビで放送される犬の競技会で見る犬たちを思い出してください。非常に良くトレーニングされていて、公の場でも、プレッシャーのかかる場面でも、そしてご褒美がなくても、さまざまなルーティンをこなす犬たちのことです。実はその犬たちはいつもオヤツをもらっているのです。オヤツがゼロになることは永遠にありません。彼らのトレーナーたちは、どんなことがあっても、やる気をもってスピーディーにパフォーマンスができる犬を育てることを非常に重視するため、オヤツを卒業する努力を一切しません。ただし、その犬たちが競技リンク内でオヤツをもらうことは決してありません。

車に走っていきたい衝動をコントロールしているクラウド。協力することの価値を理解しています。

そのようなことが可能なのは、その犬たちがトレーナーによって非常に楽観的なギャンブラーに育て上げられているからです。トレーニングでは、1つの動作を行うだけでご褒美をもらえることも、数分間努力しなければご褒美をもらえないこともあります。ご褒美には、オヤツや、オモチャ、盛大に褒められることなど、いろいろありますが、何かしら、「上手にできているよ。トレーナーはとても誇りに思っているよ」と犬に伝わるようなことが起こるのです。ご褒美はセッションのはじめにもらえることも、最後にもらえることもあります。ほとんどの場合はトレーニング中にランダムにもらえます。時にはセッション中のご褒美がまったくないこともあります。なにしろランダムなのですから！ でも、次のセッションではご褒美がたくさんもらえるかもしれません！ 犬はそれを知っているからこそ、一生懸命頑張るのです。

ディストラクションがある状況で、やる気を持って素早く言うことをきいて欲しいのなら、やることはひとつです。どれだけ頑張ればご褒美がもらえるか犬にわからないように、さまざまにタイミングを変えながらご褒美をあげる。それだけです。

オヤツを減らすという目的のために、1個のオヤツで10の動作を要求することもあるかもしれませんし、時には1つの動作だけを要求するかもしれません。これが実生活でどう役に立つのだろうかとお思いですか？ これらのご褒美がもらえる動作は、決まった順番で行わなければいけないという決まりはありません。続けて行う必要もありませんし、同じ日にしなければいけないという決まりもありません。

3日続けて庭から家の中に「オイデ」と呼ぶのなら、そのうちのどの日にご褒美をあげてもかまいません。ご褒美をそのうちの1日だけあげても、3日間毎日あげてもよいのです。そしてあなたはもうオヤツを持ち歩きませんので、あなたの犬はいつご褒美がもらえるか知る由もありません。犬が知っているべきことは、あなたがオヤツを手に入れられることだけです。あなたは、オヤツを取り出したかったら、取り出せます。そしてオヤツを取り出したくなかったら、取り出しません。

あなたの犬は、あなたがいつ何を取り出すのか（または取り出さないのか）わからないので、大当たりを期待してチャレンジし続けるのです！ さらには、ご褒美の質についても賭けをするように教えたので、もしあなたがポケットから3日前の少し干からびた古いオヤツを取り出しても、それを受け入れるでしょう。そしてもし昨日の夕ご飯で残ったチキンを特大サプライズであげたら、それはもう大喜びでしょう！ 宝くじが当たったようなものですから！

しかし、このチキンのような特別なご褒美は扱いに注意が必要です。宝くじが頻繁に当たったら希少価値がなくなってしまいますので、存在しながらも珍しいままであるようにします。これは、もしあなたがカジノで大当たりしたら感じるであろう気持ちと同じです！ 大当たりがありすぎると、次第につまらなくなってきます。いっそう悪いことに、数百円の当たり程度だとがっかりするようになってしまうのです。

この犬たちは楽観的なギャンブラーです。ご褒美がもらえるか確実ではなくても、しっかり「マテ」を持続します。

ところで、身体的な矯正はどうなのでしょうか？ 一方では、望む行動をしたときに褒め、他方では、望まない行動をしたときに罰を与える、というように正反対なことをするのは効果的なのでしょうか？

リードをつけず、あなたの手が届く範囲にいなくても、意欲的に作業できるように愛犬をトレーニングしましょう

理にかなった方法に思えるかもしれませんが、これは間違いです。矯正は、犬が手の届く範囲にいるときにしか機能しません。リードを引っ張って正すのには、犬がリードにつながれていないといけません。もし犬をリードにつないでいなければ、わざわざ捕まえるか呼び戻してから罰を与えることになります。この場合、十中八九やがてあなたを避け始めるでしょう。一般的に犬は人間よりもずっと素早いのですから、もしそうなったら大問題です。鬼ごっこが始まってしまったら、フラストレーションは溜まる一方です。

電気ショックを与える首輪はどうでしょうか？ 問題は同じです。首輪は、つけているときしか有効ではありません。可愛いペットの愛犬に一生の間、四六時中特殊な首輪をつけさせるのは、決して幸せなことではありません。けれど、冷蔵庫にあるオヤツを取り出すことはどうでしょうか？ そう、あなたは四六時中いつでも自由にオヤツを取り出せます。しかも、犬が正しい行動をした後に取り出せるのですから、オヤツをあげるかどうかの選択もできるのです。何と好都合でしょう！

さまざまな環境で、難易度が高い状況でも大丈夫だという信頼性が欲しいのなら、愛犬をトレーニングするしかありません。そして、あなたに協力することにやりがいを与えなければなりません。愛犬があなたに協力する「理由」を作り、そしてその理由（モチベーター）がいつ出てくるかも、何が出てくるかもまったくわからないようにすれば、犬は大当たりを期待して、絶えず賭けをするようになるのです。

第12章 ディストラクションが食べ物でない場合

ディストラクションは食べ物ばかりとは限りません。トゥルーとブレイズは、泳ぎたくても、許可があるまで大人しく待つことを学習しました。

本書を読み進めるうちに、本書のトレーニングプランが、時間をかけて計画的かつ徹底的に進められるよう組み立てられていることにお気づきになったかもしれません。あなたの犬は、あなたが用意したあからさまなディストラクションがある状況でも、あなたの指示に応えられるようになりました。また、新しい場所でも言われたことができるようになりました。そして、楽観的なギャンブラーになったので、いつもらえるかわからない上に種類も予想できないオヤツや日常生活の中にあるご褒美のために頑張り、行動するようになりました。お見事!

でも何かが欠けているような気がするなら、正解です!

実際のところ、現実世界の環境はコントロールできませんし、ディストラクションは食べ物だけではありません。あなたの犬は、時に、公園で誰かが遊んでいるボールを欲しがるかもしれません。また時には、近くにいるお友達に挨拶をしたがるかもしれません。そして時には、選択肢が多すぎる状況にただ圧倒されてしまうかもしれません。ではどのようにして愛犬を、このような起こり得る状況に備えさせたらよいのでしょうか?

その方法はこれまでとまったく変わりません。

子供が何に興味を持つのか徐々に読み取れてくるように、犬の場合も同じく、徐々に何に興味を持つのかがわかってきます。

あなたの犬は、新しい人に会うのが大好きですか？ 素晴らしい！ 新しい人に近づいたときに愛犬がリードを引っ張り始めたら、そこで立ち止まり、愛犬に状況が変化したことを気づかせます。愛犬があなたの方を振り向いたら、「オスワリ」のようなシンプルな動作を指示してください。それから再び、愛犬の興味をひいている人に向かって、リードをゆるませたまま歩きはじめましょう。愛犬がリードを引っ張ったら、初めからやり直します！ ゆっくり、時間をかけて。リードを引っ張らずにターゲットの人までたどり着けたときに犬が得るご褒美は、その人に挨拶できることです。これは、あなたの犬が大喜びする日常生活上のご褒美です！ もしあなたの犬が熱烈な挨拶をするタイプなら、オヤツを地面に落とすなど、跳び上がらないための工夫をして、愛犬が正しい行動をとれるように手助けしましょう。

もちろん、愛犬がリードを引っ張ってしまったら、何をすればよいのかを思い出させるために、ターゲットの人と顔を合わせさせません。これはオヤツを使ったときと同じ方法です。すると犬はすぐに理解します。ターゲットの人に近づけているときは、正しいことができているのだと分かり、前進できていないとき、あるいは後退しているときは、やり直す必要があるのだと分かります。

いつものように、愛犬にとって学習しやすい状況を作りましょう！ 友人や家族、ご近所さんなど、誰でもあなたの犬に挨拶したい人には、愛犬がリードを張らずに近づけるまで待ってもらえるように、協力をお願いしましょう。何をしてほしいのか説明さえすれば、ほとんどの人が喜んで協力してくれます。

ジブが、玄関で、ディストラクションがない状態で、「マテ」の練習をしています。簡単なことから始めましょう！

しかしときどき、愛犬が、あなたに何を求められているのかさっぱり理解していない場合があります。第2章を思い出してください。犬が何を理解して、何を理解していないのかをテストしましたね。もし愛犬に「オスワリ」と言って、他にすることもないのにただあなたをじっと見ているようだったら、あなたに何を求められているのかを本当に把握していないのだと推測せざるを得ません。あなたが椅子に座っているか、もしくはいつもと違う位置に手を置いているからかもしれません。どうしたらあなたの手にあるおいしいオヤツをもらえるか理解していたら、それをしないはずがないのですから！

このような場合、失敗に対してあなたがとるべき反応は「無」、つまり無反応です。ご褒美もペナルティーも、ありません。代わりに、基礎トレーニングに戻り、もう一度その動作を練習しましょう。どのようなトレーニング方法を使うかは、もともとどのように愛犬をトレーニングしたかによります。クリッカーを使ってトレーニングしたなら、もう一度クリッカーを使いましょう。オヤツを持った手で誘導する方法（ルアーリング）でトレーニングしたなら、今回も手にオヤツを持つにしろ持たないにしろ、もう一度同じ方法を使用します。目的の動作をさせるための方法自体はあまり問題ではありません。失敗してもネガティブなことが起こらない方法で、もう一度、動作を教えましょう。

ライカがディストラクションをじっと見ています。指示に応じない原因は混乱しているからではなく、ディストラクションに気を取られているからだと推測できます。

ディストラクションを見せることで、ほとんどの場合はトレーニングを再開できる状態になります。

ただし、ときどき何かに気を取られているせいで、指示に応じないことがあります。この場合は、先ほどと少し違います。愛犬と一緒にディストラクションに近づき、それを確認しましょう。これは、愛犬がそれに気を取られるのをやめる「きっかけ」になり、再びトレーニングに集中できるようになります。しかしたまに、ただ辛抱強く待ってあげることが必要な場合もあります。ディストラクションさえ取られないようにしていれば、愛犬が自らあなたの元に戻り練習再開できるまで待ってあげることもできます。これらの方法を2、3回試して、それでもできない場合は、うまくいかない方法を繰り返すよりも、難易度を下げて、愛犬のために簡単にしてあげましょう。第4章に戻り、「影響度」「距離」「継続時間」を復習して、どれか1つを変えて再チャレンジです！

成功は大切です！ ライカはディストラクションに背中を向けて、合図で座ることができました。
さあ、ご褒美だよ！

成功を積み重ねることが大切です！ 愛犬が成功できるようにお膳立てすることで、ポジティブな態度を保持することができ、さらなる成功につながります。もし失敗を繰り返させてしまうと、それがよく理解できていない動作であれば尚更、諦めたり、レッスン自体を避けるようになってしまいます。それはなんとしてでも避けたいですね。もしあなたに協力するメリットを忘れているようだったら、成功した場合の結果を思い出させてあげれば、学習に弾みをつけることができます。

人間で例えてみましょう。子供と一緒に九九の練習をしているとします。1つ間違えたら、あなたはそれを指摘して、もう一度トライするように（明るく!）促すでしょう。でも、そこでもし同じ問題を続けて5回繰り返しても、子供があてずっぽうに答えるだけだったら、そのやりとりにまったく意味がないことにあなたは気がつくはずです。失敗する方法を繰り返すより、問題を小さな簡単な部分に分解して、子供がスキルをマスターできるようにしてあげれば、おのずと成功率はあがるでしょう。

もちろん、失敗した理由が、窓の外に見える友達と遊びたくて眺めていたからだったのであれば、あといくつか正しく答えられれば遊びに行ってよいのだと思い出させてあげることが効果的です。声を荒げて怒鳴ったり、怒ったりする必要はないのです。単に、なぜこの問題を解くと良いことがあるのかを思い出させてあげればよいのです。そのうえでどう行動するかは子供に自分で選んでもらいます。あなたに無理やりさせられたからではなく、早く友達と外で遊びたいから、子供は目の前のことに集中して取り組むようになります。こうすることで、あなたは親子関係を悪化させることなく、子供の知識を高めるという目的を果たせます。

学習方法の理論は、種を超えて同じように当てはまります。たとえトレーニングする相手が犬でもイルカでも人間の子供でも変わりありません。私たちは皆、同様の法則で学びます。重要なのは、2回以上連続して失敗したとき、そして加えて愛犬が課題を理解していないからだと判断できるときに、ためらわずに、よりシンプルで簡単なものに切り替えることです。問題の設定に「問題」があるのですから！ もし失敗する理由が、理解できていないからではなく、気が散っているからだと感じるなら、最初の方法を実践しましょう。つまり、ディストラクションを見せますが、与えないことです。

さて、これも試したところで、まだうまくいかないとします。ディストラクションがない状況にいるときは指示された動作を簡単にこなせるので、愛犬が何をするべきなのか理解していることは確実です。あなたは、慎重に挑戦を用意しながら、愛犬を成功に導くために尽くしてきました。しかし、たとえ小さなものでもディストラクションを導入した途端、もしくはディストラクションの価値をあげた途端、あなたの犬は、あなたの方を見向くことなく一直線にそれに向かって行ってしまいます。どうしたらよいのでしょうか？

そのようなときにはリセットしましょう。失敗したら、愛犬が欲しがっているものを一緒に確認します。そのあとすぐに再開するのではなく、長くて10秒間ほど待ってから再開します。これであなたの犬は2つの結果を経験したことになります。1つ目は、欲しいものを見るだけで得られていないこと。そして2つ目は待たされることです。つまり、やり直しのチャンスまでに少し間があくことになります。そのようにして、愛犬に考える時間を与えるのです。

それでもまだ失敗する場合はセッションを終了しましょう。そうすることが状況改善に役立つときがあります。もし愛犬がストレスや恐怖が原因で失敗しているのなら、その原因を取り除けます。課題が難しすぎて失敗しているのなら、どのような課題が適当で、どれくらいのことを愛犬に求めたいのかをもう一度考え直すチャンスです。そして最後に、もし単に愛犬が「やりたくない」のなら、これは、あなたに協力しない限り、あなたも協力しないのだと愛犬に教えられます。オヤツは消えるのです。あなたの犬に効果的なモチベーターを正しく選んでいれば、愛犬はあなたのこの反応を喜びません。

この対処方法は効果的です。今後は、オヤツを得るために、愛犬は違う選択をするようになるでしょう。この方法を直観的に理解できない場合は、自分が目の前にケーキを置かれて、食べてはいけないと言われたらどう思うか想像してみてください。目の前のケーキを食べてはいけないと言われた直後に、もしそれを得られるチャンスが与えられたらどう感じますか？ それに比べて、ケーキを見た後に、食べられないまま、それを仕舞われてしまったらどうでしょうか？

環境、モチベーター、そしてディストラクションのレベルを正しく設定すれば、このテクニックを使う機会はあまりないでしょう。しかし、どれだけ慎重に完璧なトレーニング環境を用意しても、すべての犬がときには失敗します。そしてほとんどの犬が頻繁に、まだルールに従う必要があるのかどうかを確かめます。

このメソッドは有効ですが、犬にとって楽しいものではないという欠点があります。私たちは愛犬に不快な経験をさせることは極力避けたいのです。ですから、犬が成功できるようにあらゆる手立てを講じましょう。進展がゆっくりで、なかなか目標に到達できないと感じるかもしれませんが、この場合、「カメ」が必ずレースに勝つのです。ゆっくり、確実に。ポジティブな態度を保ちながら、確実に、愛犬がトレーニングというゲームをやる気を持って続けられるようにしましょう。トレーニングが難しすぎて愛犬が挫折してしまったら、トレーニング自体が停滞し、あなたも愛犬も楽しめません。

理論上、完全無欠なトレーニングセッションを準備するのは素晴らしいことですが、実現させるのはとても困難です。ベストを尽くして、でもたまに失敗しても自分を責めないように。練習を続けることで、あなたも上達します。

ハプニングは起こります。それでも大丈夫。

◆ヒューマンエラーへの対処方法

今しがた、あなたがトレーニングセッションをセットアップして、おいしそうなディストラクションを友人の近くの床に置いたとしましょう。あなたは手間をかけて準備を整え、床にあるディストラクションを愛犬が取ろうとしたらカバーをかぶせて欲しいことを友人に説明しました。しかし、どこかでコミュニケーションにズレが生じていたのです。とんでもないことが起こります。指示された動作を愛犬が失敗しただけでなく、あなたは、協力者である友人が愛犬にオヤツを一粒残らず食べさせてしまうのを恐怖の顔で見ているしかありません。ああ、どうしましょう!

ハプニングは起こるものです。しかしすでに失敗したトレーニングセッションをいつまでも気にやむのは無意味です。協力者に怒鳴ることはまったくの無駄ですし、まだ助けが必要なのに、そんなことをしたらもう二度と手伝ってもらえないでしょう。愛犬を怒鳴ることも、同じようにまったく無駄です。もうオヤツは食べてしまったのですから、怒鳴っても、あなたが気まぐれで怒りっぽいとしか思わないでしょう。

確かに、このような失敗は愛犬に間違ったメッセージを送ってしまいますが、大切なのは、たまに起こる失敗に比べて、普段はどれだけ成功しているか思い出すことです。それが「たくさん」であることを祈ります! 落ち着きを持ったまま感情をコントロールすることは、今後のトレーニングや愛犬との関係に多大なメリットがあります。ですから、愛犬や協力者に怒りで反応するのはぐっと堪えてください。できれば短い休憩をとって、それからもう一度挑戦です。

オヤツはもうありません。過去は過去です。先に進みましょう。

◆正式なトレーニング以外でのエラーを予防する

愛犬とトレーニングしている間も、日常の生活があります。つまり、散歩に行き(おそらくリードを引っ張られながら)、ドアから外へ駆け出し(「マテ」を聞かずに)、「オイデ」と呼んでも戻らないことがあるでしょう。ディストラクション・トレーニングを行なっている間は、「マネジメント」と呼ばれることを実行する必要があります。

出来るだけ問題を予防します。リードをグイグイ引っ張られてしまうなら、引っ張りを抑止するタイプの「フロントフック付きのハーネス」を購入しましょう。引っ張らせないハーネスをつけただけでは正しい歩き方を学習できませんが、ひとまずはこれまでの懸命なトレーニングを無駄にすることなく愛犬と歩けます。腕を引っこ抜かれるほど引っ張られませんし、リードを引っ張る悪い習慣を強化してしまうことも避けられます。

ディストラクション・トレーニングをしている間は、できる限り愛犬の行動を管理して、失敗をたくさんしてしまわないように予防しましょう。

愛犬にドアの前で「マテ」をして欲しいけれど、仕事の支度で忙しくて辛抱強く待ってあげる時間がないのなら、「マテ」の指示をしなければよいのです。ただドアを開けて、愛犬が外に飛び出すままにします。これを常に行うとトレーニング全体に良い影響は与えませんが、無視されるとわかっている指示を出して案の定無視されるよりは、いっそ何も言わない方がマシです。時間をかけてトレーニングと練習を重ねれば、いつか必ず結果につながります。

家の中に入るために愛犬を呼んで、それも無視されたら？ これも、現時点では特段どうすることもできません。あなたが自ら迎えに行くか、オヤツを用意するかして、愛犬が戻ってきそうなことをしましょう。確かにこれは一般的に良いトレーニングとは言えず、常習化すれば、長い目で見た成功を台無しにしてしまいます。しかし、ときにはただ訪れた状況をやりすごすしかない場合もあるのです。

冷静を保ち、愛犬があなたの元に来たときにオヤツをあげれば、それまで5分間あなたにまったく関心を向けなかったとしても、あなたの犬はまだあなたを好きでいるでしょう。あなたのことが好きであれば、あなたのトレーニングによって、愛犬があなたに関心を向けるまでにかかる時間はやがて短縮するでしょう。しかし、あなたが叫び、怒鳴り、物を投げれば、あなたの犬はあなたを怖がるようになり、トレーニングを実生活に溶け込ませられる日は遠のきます。

次回は、難易度を上げる準備ができるまでは、愛犬をリードにつないでおきましょう。そして「オイデ」と呼んだときに、想定外に愛犬が良い反応をしてあなたを驚かせたら、それを見逃さないように。ただ驚いているだけではなく、大げさに褒めながら、冷蔵庫からとびっきりにおいしいものをひとかけ取り出してあげることで、驚きを表現しましょう。さあこれで驚いたのは、良い意味で、お互い様です！そしてあなたはたった今、マネジメントできる可能性があるだけだった状況を、とても強力なトレーニングセッションに変えました。あなたとあなたの犬の両方が、これから先長い間、この経験を忘れず、またこの経験から多くを得るでしょう。

ただ、忘れないでください。カメの歩みで進むことを。ゆっくり、落ち着いて。

この犬はまだリードを外す準備ができていません。心配はいりません。トレーニングを続けましょう！

第15章 恐怖心が邪魔するとき

この犬はその場から逃げようとしています。

「恐れ」は、多くの犬が、特に家から離れているときに合図に反応しない第一の理由です。これまでのトレーニングプランと、前章の失敗に対する対処法のアドバイスを実行した上で、まだ悪戦苦闘しているようでしたら、それは恐怖心が原因かもしれません。

普段は楽しく意欲的にトレーニングにのぞむ愛犬を、近所のドッグトレーニング教室に連れて行ったときにどうなるか思い出してください。あなたの犬は…。

- **他の犬、人、もしくはあなたにすら飛びかかったり、噛みつこうとしたりしますか？**
- **あなたを引っ張って車に戻ろうとしますか？**
- **完全に動きを止めて、その場ですっかり凍りついてしまいますか？**
- **オヤツを食べるどころか、見ようともしないですか？**
- **まったく別の犬のようになってしまいますか？**

もしこれらが当てはまるなら、あなたの犬は恐怖を感じているのです。新しい状況に怯えているのです。他の犬や人と一対一で会うことに慣れている社交的な犬でも、小さなスペースが10頭の犬とその飼い主たちで溢れていれば圧倒されてしまいます。あなたの犬が飛びかかったり、逃げようとしたり、凍り付いてしまったりするのであれば、新しい経験にとにかく圧倒されていて、いつも通りでいられないのです。

恐怖は人間も犬も同じように経験し、また恐怖に対する反応の多くも種を超えて共通しています。恐怖という感情は、そう遠くない過去に、犬にとっても人間にとっても非常に重要な役割を果たしていた機能だと理解することが大切です。危険を瞬時に察知し反応する能力は、生き残るために極めて重要でした。状況がどれだけ安全か、または危険か迷うときも、私たちは警戒する方に（当然ながら）判断が傾きます。

進化論的な視点から見れば、小さなスペースで多くの人や犬に囲まれているのは、まったくもって普通のことではありません。あなたの犬の「未知なものに対する恐怖」は当たり前の反応なのです。飼い主としてはそれが理性的でないように思えるかもしれませんが、それはあなたが「ドッグトレーニングスクール」という概念を理解しているからです。しかし、あなたの犬にとってみたら、突然未知の状況に連れてこられて、自分の身が安全かどうか本当にわからないのです。

伏せた耳と、見開いた目。この犬は、公の場で少し不安を感じていますが、指示どおりに行動することはできています。

たまに、どんな新しい環境でもめったに怖がらない犬もいます。遺伝的に優れているのか、社会化がうまくいったのか、もしくはその両方が少しずつ作用しているのか、これらの犬は新しい経験のほとんどにすぐさま適応します。こういうタイプの犬は、ドッグトレーニング教室で誰よりも早く良い反応を見せます。さっと周りを見渡すだけで、すぐにトレーニングに入れます！

しかし一般に多くの犬は多少なりとも不快感を覚え、恐らく不安げな様子を見せるでしょう。「不安」は、状況が安全かどうか判断しかねているときの心の反応です。もし不安が軽度で、実際に悪いことが何も起こらなければ、ほとんどの典型的な犬の場合は、比較的短時間でこの段階を乗り越え、教室でリラックスしていられます。

しかし犬のなかには、人と同じく、そういった状況にうまく適応できないタイプもいます。彼らは不安以上のもの、つまり恐怖を感じているのです。自分が危険の真っ只中にいると「確信」していて、典型的な「ファイト（戦闘）」、「フライト（逃走）」、「フリーズ（硬直）」の反応を見せます。どの反応を示すかは、犬の気質や、過去に恐怖心を示したときに飼い主がどう反応したか、また、その場でその犬に残されている選択肢によります。

ファイト（戦闘モード）の反応をする犬は、恐怖を感じる対象（刺激）を遠ざけようとそれに飛びかかります。環境からの刺激に過度に反応してしまうこうした犬のことを、「リアクティブな（過剰反応する）犬」と呼びます。

フライト（逃走モード）の反応を示す犬は、同じく距離を取ろうとして、その場から逃げようとします。リードがあってそれが叶わない場合、彼らはしばしば飼い主の陰に隠れようとします。逃走モードを選んだ犬でも、追い詰められれば、自分の身に危険が及ぶことをなんとか避けようと戦闘モードに切り替わることがあります。

フリーズ（硬直モード）の反応をする犬は、文字通り、凍ったように動かなくなってしまいます。もしくは、非常にゆっくりした動きで、周りに対して無反応になる場合もあります。このような犬は、その場から消えたいと思っているのです。そして必死にそのように振舞います。フリーズは、ファイトやフライトの反応を厳しく矯正されてきた犬の典型的な反応でもあります。彼らは、飼い主が、逃げることも自己防衛することも許さないのだと学習したのです。問題を回避するために硬直する犬は、その行動で飼い主に恥をかかせることはなくなったかもしれませんが、恐怖を感じている状態はまったく変わっていません。脳がシャットダウンしてしまったので、飼い主の合図に反応できません。

ファイト、フライト、フリーズのいずれかにかかわらず、犬にこれらの反応を引き起こさせる根源は「恐怖」です。そしてこれら3つのどの状態にあっても、集中してトレーニングしたりパフォーマンスしたりすることは不可能です。

では、こうした反応は、新しい環境でも正しい動作ができるようする「汎化」の試みにどのように影響するでしょうか？ ディストラクション・トレーニングをどのように続ければよいのでしょうか？

正解は、ディストラクション・トレーニングを続けないことです。あなたには、他に取り組むべき課題があります。

あなた自身が恐怖を感じているときや、身の安全が脅かされていると感じている場面を想像してみてください。これは新しい環境に直面したときに感じるかもしれない「緊張」を指しているのではありません。安全だと確証を得られるまで心も体も支配する、あの圧倒的な「恐怖」のことを言っているのです。

たとえば、夜中、あなたの家に強盗が押し入ろうとしていたら、どうしますか？ あなたは武器になりそうなものを探し、大声で威嚇しようとするかもしれません。もしくは、裏口から逃げて、信頼できるご近所さんの家まで走って行くことを選ぶかもしれません。あるいは、その場で完全に凍りつき、とにかくその状況が早く去るように祈るだけかもしれません。

恐怖に対してあなたがどのアプローチをとるにしても、その瞬間は、たとえどんなに魅力的なモチベーターがあろうと、新しく学んだスキルを練習するどころではないのは確かです。1週間どんなに読むのを楽しみにしていた本でも、さあ今から落ち着いて読もう、とはならないはずです。作りたてのおいしそうなごはんを食べるどころでもないはずです。ましてや試験勉強をしたり、友人とおしゃべりしたり、子供と遊ぶなんてもってのほかでしょう。単純に、無理なのです。あなたは恐怖の支配下にいて、恐怖に勝てるものは何もないのです。

でも、犬が感じている恐怖が道理にかなっていない場合はどうでしょう？ それを犬に教えてあげる方法はないのでしょうか？ 方法はあります。しかし、時間がかかります。忘れないでください。あなたの犬は、人間の世界で暮らしているのです。もしあなたが宇宙人にさらわれ、触覚のようなものがこちらに向かって振られると同時に、他のたくさんの宇宙人が周りから近づいてきたらどうでしょうか。おそらくあなたは触覚を振る行為が友達になるためのサインではなく、差し迫った死を意味すると思い込むでしょう。

ねじれたリード、荒い呼吸、後ろに倒れた耳。これらはすべて、この犬が、その場から逃げ出したいと思うほどの不安を感じていることを物語っています。

ではあなたの犬が恐怖反応を見せていることがわかったら、あなたはどうすればよいのでしょうか？

まず、行う予定だった「オスワリ」、「フセ」、「マテ」などのトレーニングはいったん横に置きます。代わりに、食べ物やオモチャを使うなり、あなた自身が一緒に遊ぶなりして、犬の気持ちを持ち上げることに神経を注ぎましょう。もしあなたの犬が軽く不安を感じていても、同時にポジティブな経験をすれば、その環境でより気持ちよく過ごせるように条件づけられていきます。

さてあなたは、怖がっている犬に食べ物をやったり、撫でたり、遊んであげたりすることに疑問を持ったかもしれません。それでは怖がることを褒めることにはならないか、という疑問だと思いますが、答えはノーです。恐怖は選択ではなく、感情なので、恐怖を感じることに対して褒美はあげられないのです。

左側にいる犬は尻尾を体の下に巻き込んで耳を後ろに倒しているうえに、飼い主があげようとしているオヤツに目もくれません。ここでトレーニングする準備はできていないようです。

人間の場合の例をみてみましょう（学習理論は犬にも人間にも同じよう当てはまるのでしたね）。舞台前に緊張しているあなたの子供に、出番を待つ間に食べるようにと飴玉をあげたとしても、その飴玉が恐怖を助長させることはありません。むしろ、不安から気がそらされ、また、飴玉を舐めることによって、その場所と状況が何か心地の良いものと結びつけられ、恐怖心が和らぎます。でも、もし食べられないほどストレスを感じていたら、飴玉ではどうにもなりません。時間と経験を積み重ねることによって、徐々に自分で恐怖を和らげていくことができるように願うだけです。結果的に舞台を楽しむことができたら、きっとそのようになるでしょう。

では、あなたの犬はどうでしょうか？ もし食べる余裕があるのなら、無条件でその好物をあげて構いません。愛犬が不安を感じる場所に愛犬を連れていき、そこで遊んでいる間、ただオヤツをあげることを繰り返せば、いずれ少しずつその場所に慣れてくるはずです。時間と経験を重ねて愛犬がリラックスするようになったら、トレーニングプランに取りかかりましょう。

もし犬の感じている恐怖レベルがとても低く、少し不安そうであるか、ただ過度に興奮しているだけだったら、今説明した方法が簡単に素早く効果を出しますので、本書のトレーニングプランを続けられます。

怖がっている犬を抱っこしてもよいのです。

しかし、もし、神経の高ぶりによる荒い呼吸や、湿った足跡、大きく開いた瞳孔、人や犬への飛びかかりなどでわかるように、愛犬の感じている恐怖心のレベルが極めて高いと判断できる場合、今すぐに、やっていることすべてを中断し、その場を離れてください。愛犬を追い込んでいるものが何だとしても、「それ」との距離が近すぎるのです。これは「少しの不安感」ではなく、恐怖心またはパニックです。前述の恐怖心を乗り越えるためのトレーニングは、犬が軽度の不安を感じているときだけ機能します。飛びかかる、逃げようとする、その場で凍りついてしまうといった目に見える反応を見せているようなら、あなたの犬は恐怖以外何も考えられない状態に陥っています。すぐにその場を去りましょう。

強い不安感や恐怖心を乗り越えるトレーニングを効果的かつ安全に進めるには、プロの助けを必要とすることが少なくありません。あなたの犬が新しい環境で常に軽度の不安以上のものを感じているようだと思うなら、今すぐに本書を閉じて、陽性強化のトレーニングテクニックを用いて訓練するドッグトレーナーを探し、一緒にそうした問題の克服に取り組んでください。

不安を感じている愛犬を安心させてあげましょう。

第16章 協力する習慣

小さな子供も、犬と協力関係を築けます！ タズは、リードなしで、そして公の場で、喜んでアジリティの練習をしています！

「習慣」は、あまり、もしくはまったく意識せずにする行為です。それをすることに心地よさを感じるので、それをするようなった理由を覚えていなくても、もはやそれを続けている意味がなくなっても、なかなかやめられません。

犬も習慣を身につける性質があるので、私たちはそれを有効に活用できます。そもそも本書は、「習慣の形成」、それも、「協力する習慣の形成」を目的としています。私たちは、たとえ他の選択肢がある中でも、たとえ見返りとしてあげるものが何もなくても、あるいはたとえあげられるご褒美の価値が犬にとっての他の選択肢よりもはるかに劣るとしても、愛犬たちに繰り返し協力して欲しいのです。

加えて、犬は人間と親密な関係を結び、協力することに価値を見出す社会的な動物です。

あなたの犬は、この人間社会でうまく生きていくために、正しい選択をしたい、そして協力したいと考えます。そうすることで愛犬たちは良い気分になれるのです！ あなたの犬は、ひとたびあなたに何を求められているのかを理解し、どうすればうまくいくのかを覚えてしまえば、あなたから動作を指示されるたびに協力する価値を計算することはしなくなるでしょう。代わりに、あなたの犬は、より精神的なご褒美を得るため、つまりあなたに認められるためや、あなたに心から褒めてもらうため、そしてたまにもらえるおいしいひと口のご褒美のために協力するようになります。しかし、そのためには、まず愛犬が正しい動作を理解できるようにトレーニングしなければいけませんし、それが本書のテーマでした。

犬が私たちに協力するようになり、私たちがその習慣を育てる手助けをできるようになると、いくつか良い影響が現れはじめます。

一番大きな影響は、犬が「なぜ飼い主に協力するのか」を考えずに行動するようになることです。オヤツをもらうことや、褒められること、そして結果として生じるポジティブな雰囲気は、犬にとって二次的な期待となり、犬は意識すらせずに一次的な反応を示すようになります。つまり、条件付けられた反応として協力するようになるのです！

この数か月間、あなたは愛犬と協力する習慣を形成すべく、毎日10分ほどのトレーニングをしてきました。その結果、どうなりましたか？

あなたの犬は、あなたに協力すれば毎回ではないけれど良い結果が起こると学習しました。あなたの犬は賭けをするようになり、協力することがときどき報いられることを学びました。毎回ではないですが、ときどき。あなたが絶妙なタイミングで強化子を出現させるので、あなたの犬は楽観的なギャンブラーで居続けます。そしてあなたは、あなたの犬が特に難しい課題を乗り越えたときには、必ず特別なご褒美をあげるようにしています。特別なご褒美をあげられないこともありますが、多くの場合はあげられます！ 実際のところ、自宅なら、愛犬があなたに協力してくれたとき、冷蔵庫はすぐそこにあります。そのことを忘れずに。

テレビで見るような競技犬を思い出してください。彼らのトレーナーたちは、「相互協力」と「ランダムな強化子の活用」を実現して、協力に基づいた関係を犬と築き上げています。その犬たちは、競技中はまったくご褒美をもらえないことがわかっているにもかかわらず、一生懸命、それも大喜びで、働きます。自分にとって特別な人間と触れ合うのが好きだから、褒められることに喜びを感じるから、そしてこれが一番重要なことかもしれませんが、そうする「習慣」があるから、犬たちは協力しているのです。

本書が、あなたの愛犬の協力する習慣を形成するため、そして違う種のもの同士が協力し合うことの根本的な喜びを知るためにお役に立てたのであれば嬉しく思います。本書にあるトレーニングを実行し、愛犬とトレーニングをしたすべての瞬間を楽しめたと感じるなら、次の章に進んでください。おそらく、あなたにとって犬のトレーニングは特別なことではなくなっているでしょう。プロのドッグトレーナーとまではいかなくても、たとえばドッグスポーツの競技に参加して、愛犬ともっと豊かで深い関係を育みたいという思いが芽生えたかもしれません。

もし競技には興味がなくても、今やあなたの犬は良いお行儀を身につけたので、歓迎される自信を持ってさまざまな場所へ連れて行けるようになりました。そして、それこそがドッグトレーニングの究極の目的です。愛犬と一緒に過ごし、それを楽しむこと!

たとえご褒美のオヤツはもらえないとわかっていても、ゲーターは競技に参加することが大好きです。

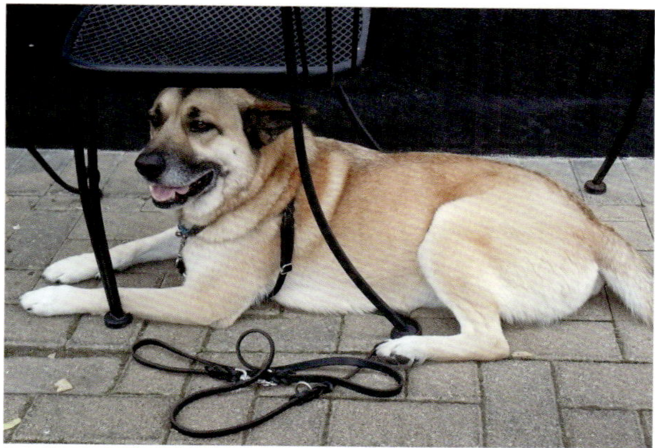

ディストラクションに遭遇しても協力するようにトレーニングされた犬は最高の友です!

第17章 もっと挑戦したいなら…

コンペティションドッグスポーツについて

愛犬をあなたと家族にとって一緒にいて楽しくて信頼できる友にしたいと考えて、本書を買い、一からすべての訓練を行ってきたなら、あなたは一般的なドッグオーナーとは少し違います。犬を飼い始めたときに、プロのアドバイスを求めたり、ドッグトレーニングについての本を読んだりするのは、ドッグオーナー全体の4%ほどに過ぎず、基本的なしつけのクラスの先へ進む人はその中でもさらに少数なのです。

つまり、この本を手にとって読んでいるというだけで、あなたは一般的な飼い主とは一線を画していると言えます。あなたは庭でただ座っている犬ではなく、「友」としての犬が欲しいのです。あなたは愛犬と強い絆を結ぶために努力してきました。毎日のトレーニングセッションを心待ちにしていますし、それはあなたの犬も同様でしょう。

また、基本的なしつけ以上のトレーニングを行った結果として、あなたの犬はよりあなたを慕い、喜んであなたの判断を仰ぐようになりました。あなたは、愛犬と一緒にトレーニングしていると、心の底から満足感が得られることに気がついたのではないでしょうか。歩みはじめたこの道を共に歩み続けるためには、どのような選択肢があるのでしょうか？

実は、意外とたくさんあります！

競技としてのドッグスポーツは、世界中で、もっとも人気のある趣味の1つです。さまざまな犬のタイプや性格に合わせて日々選択肢が増えています。犬の競技の世界では、血統書付きの犬も、雑種の犬も、大型犬も、小型犬も、若い犬も、老犬も、誰でも歓迎されます。私自身30年間ドッグトレーニングと、競技としてのドッグスポーツに関わってきましたが、それによって人生がより豊かになったと実感しています。

敬意を持ってトレーニングすれば、ドッグスポーツは、あなたとあなたの相棒に大きな喜びを与えてくれるはずです。あなたは、あなたの犬がどれほど賢いのかを知るだけではなく、あなたが愛犬との絆を大切に思うのと同じように、あなたの犬もあなたとの関係をどれほど大切に思っているかを知ることになるでしょう。

もしドッグスポーツに興味があるなら、読み進めてください！ 競技としてのドッグスポーツをこの章でいくつかご紹介します。特に興味をひかれるドッグスポーツが見つかったら、さまざまな方法でさらに調べることができます。ドッグスポーツの競技者向けに書かれた本もあれば、個人トレーナーによる教室やドッグトレーニングクラブもありますし、オンラインで基礎から、競技に参加できるレベルまで学ぶこともできます。

アジリティ

アジリティとは、障害物のあるコースを、犬を誘導して走らせ、コースを完走するまでの時間と正確さを競うスポーツです。犬はモチベーターのオヤツやオモチャがない状態でリードをつけずにコースを走ります。ハンドラーは犬にも障害物にも触れてはいけません。必然的に、ハンドラーが犬をコントロールする方法は声、動き、身振りに限られ、優れた犬のトレーニングとハンドラーの運動能力を必要とします。競技会では、犬に指示を出すハンドラーがコースを検分し、戦略を練り、すばやく正確に犬を誘導してコースを走らせなければいけません。アジリティはおそらく世界で一番人気のあるドッグスポーツで、その人気にはそれだけの理由があります。犬もハンドラーも楽しいのです！ アジリティの教室は、ほとんどの地域で見つけることができます。

アジリティに挑戦中のレイヴン。

クーパーはトンネルが大好き！

ラリーオビディエンス

ラリーオビディエンス（またはラリー、ラリーオー）とは、犬の服従（オビディエンス）を基本としたドッグスポーツです。競技者はヒールポジション（犬がハンドラーの左脇にぴったりついた状態）を保ちながら、コース内のステーションをまわります。それぞれのステーションにはサインボードがあり、ヒールポジションでのさまざまな動きや、ハンドラーの正面に座る、より難しいレベルではハードルを跳ぶなどの指示が書かれています。従来のオビディエンスと違い、ハンドラーはコースをまわっているときに声を出して犬とコミュニケーションを取ることができます。

ゼンはラリーが大好きです。

ノーズワーク

ノーズワークは、探知犬の作業を模倣する形で生まれました。ハンドラー1人、犬1匹でチームになります。犬は、隠されたターゲットの臭いを探し、発見したらハンドラーに知らせます。食べ物やおもちゃといったディストラクションに負けずにそれを行わなければならないこともあります。ノーズワークは、障害を持つ犬や、問題行動がある犬でも参加できることもあり、現在人気急上昇中のドッグスポーツです。近場に教室がない場合や、教室のような場所では怖がったり問題行動を起こして学ぶことができない犬であっても、オンラインでトレーニングを受けられます。

このオーストラリアンシェパードは何かを嗅ぎつけました！

嗅覚を使うゲームを楽しんでいるロキシー。

フライボール

フライボールは、犬4匹でチームを組んで行うリレー競走です。競い合うチームの犬が1頭ずつ、並行したコースを同時にスタートし、低いハードルを跳び越えながら走ります。コースの折り返し地点には、バネが組み込まれたボックスがあり、そのボックスを犬が前足で押すと、テニスボールが飛び出してきます。犬はその出てきたボールをキャッチし、それを咥えたままハンドラーのところまで戻ります。戻ってきた犬がボールを咥えてスタートラインを超えれば、次の犬がスタートできます。ボールを落としたり、次に走る犬が早くスタートしすぎたりすると、チームにペナルティーが与えられます。一番早く4匹全員が戻ったチームが勝ちます。スピード感があり、とても興奮するスポーツです！

フライボールはスピード感があり大興奮するスポーツです！

とても集中しているチャンス！

トラッキング

トラッキングは、犬のもっとも優れた機能である嗅覚を駆使するスポーツです。目標とするのは、「迷子」に見立てたトラックレイヤー（足跡をつける人）と、トラックレイヤーが落とした「落し物」をすべて見つけること。競技の当日、トラックレイヤーは決められた道筋を通り、審判者から指定されたとおりに私物を落としていきます。運営組織や競技のレベルによって異なりますが、ここでしばし時間を置きます（これは匂いが地面に定着するのを待つためです）。その後、犬とハンドラーがトラッキングを開始します。基本的に、合格点を得るには、犬はハンドラーの助けなしに作業を続け、すべてのアイテムを見つけなければなりません。

トラッキングを楽しんでいるウィンストン。

トラッキング中のアーバン。

オビディエンス（訓練競技）

オビディエンス（訓練競技）の大会では、犬とハンドラーが、あらかじめ決められた停座（座る）、伏臥（伏せ）、休止（待て）、招呼（呼び戻し）、脚側行進（ハンドラーの左脇にぴったりついて歩く）などの課目を行います。より高いレベルになると、障害飛越（障害を飛び越える）、嗅覚作業（ハンドラーの匂いがついたものを嗅覚で選び出す）、物品持来（持って来い）、視符による作業（声を使わない身振りだけの指示に応える）などが含まれます。犬の作業の出来は審査員によって審査されます。ハンドラーは、正確性を高めるトレーニングを行うことで、より高い得点を得ることができます。オビディエンス競技は、犬と人が、より密接なチームワークを築き上げることができる競技といってよいでしょう。

ライカとオビディエンス競技会に参加する著者。

ディスクドッグ

ディスクドッグ競技では、犬と人がパートナーとなり、フリスビーをキャッチすることを競います。ディスクを投げた場所からキャッチした場所までの距離を審査する場合もあれば、犬がディスクをキャッチしながら華麗なトリックを披露するルーティンの芸術性で審査する場合もあります。さまざまなチームによるバラエティーに富んだルーティンが見られることから、ディスクドッグは多くの観客を集めるスポーツです。

ディスクドッグ!

フリースタイルディスクドッグで高く飛び上がっています!

ケーナインフリースタイル（ドッグダンス）

ケーナインフリースタイルは、ミュージカルフリースタイルやドッグダンスとも呼ばれ、服従的な動きとさまざまなトリックを音楽に合わせて行う現代的なドッグスポーツです。犬と飼い主がクリエイティブにやり取りすることができます。複数の国で競技会が行われるまでに発展し、アニマルタレントショーや特別な出し物でよく目にするようになりました。

フリースタイルに参加するシナモン。

映画『さすらい』の主人公に扮するアストロ。

トライボール

ドイツ発祥のトライボールは、アメリカに渡り2008年に競技として認定されました。基本的なルールは、犬が時間内（通常15分以内）に大きなバランスボールをサッカー用のゴールに押し入れることです。ハンドラーは事前に決められた場所から出てはいけません。ホイッスルと声、またはハンドシグナルのみで指示を出すことができ、犬はその指示に従って動きます。犬とハンドラーのチームは、チームワークと指示の出し方で評価され、加点または減点されます。

トライボールに参加するアビー。

エーカーは飼い主のところまでボールを転がしました！

ラリーフリー

ラリーフリー（ラリーフリースタイルエレメンツ）は、ラリーオビディエンスのステーション形式と、ケーナインミュージカルフリースタイルの性格を組み合わせたものです。共にコースを進みながら、犬はハンドラーの左側、右側、後ろ側、前側で作業します。このスポーツでは、フリースタイルとオビディエンスの基本的なスキルを正確にこなすことが重要視されます。「フリーチョイス」、つまり自由選択のステーションでは、行うトリックの独創性や難易度が高いと高い得点が得られます。多くの場合、音楽も使われます。

ラリーフリーに参加するカシ。

近場で教室を探す

ドッグスポーツのインストラクターが用いるトレーニング・メソッドは多岐にわたるので、よく検討して慎重に選んでください。あなたとあなたの犬に対して優しく友好的なインストラクターがいて、そして、嬉しそうにしっぽを振って、やる気まんまんで、その場にいるのが楽しそうな犬たちがいる教室を探しましょう！ モチベーターをたくさん使う教室を探してください。もし、入った教室に、矯正用の首輪（プロングカラー、電気カラー、チョークチェーン）をしていて悲しそうな犬がたくさんいたら、あなたと愛犬との間にそのような関係を築きたいのかどうか判断してください。そうでないなら、他のところを探しましょう。

自分に次のように問いかけてください。「これは私にとって楽しいだろうか？」「愛犬にとって楽しいだろうか？」「一緒に楽しみながら学んで、練習できる事だろうか？」これらが当てはまらなかったら、違うスポーツを探しましょう！ あなたとあなたの犬に一番合うものが見つかるまで、いくつか試してみる必要があるかもしれません。

そして、オンライン・トレーニングの価値を過小評価しないでください。フェンツィ・ドッグスポーツ・アカデミーは、ドッグスポーツの競技に特化して高く評価されているオンライン・トレーニングスクールであり、まったくの初心者から、世界で活躍する競技者までが学んでいます。フェンツィ・アカデミーは、犬に優しく、どんなレベルの競技にも合わせられる、楽しむことに重点を置いた効果的なトレーニングをご提供することをお約束します。

詳しい情報はこちらから
www.fenzidogsportsacademy.com

『ビヨンド・ザ・バックヤード～いつでもどこでもデキる犬に育てるテクニック～』をお読みくださり、誠にありがとうございました。お楽しみいただけたなら、本書をぜひご友人にご紹介ください。また、どこで購入されたかにかかわらず、Amazon.co.jpに簡単なレビューをご投稿くださいますよう、ぜひお願いいたします。読者の口コミは著者にとって最高の友です。ご協力を心から感謝いたします。

Special Thanks

人はしばしば「◯◯がなければ、この本はできなかった」と言います。本当に、そのとおりです。仲間のトレーナーたちや、フェンツィ・ドッグスポーツ・アカデミーの生徒たちとのオンラインでの何気ないやりとりがなければ、本書が生まれることはなかったでしょう。犬に対して献身的な飼い主が本当に望んでいるものは何だろうかと20分ほど考えを巡らせたところ、それは、どんな環境でも協力してくれるように、費やす時間はほどほどで、飼い犬をトレーニングすることだ、と気づきました。そしてそんな本は「まだ」存在していないことにも！ また、私にはそれを本という形にするだけの知識があるばかりではなく、それは私にとって必然であり、オンラインの友人たちは私がそれを書くまで放っておいてくれないであろうことも明らかだったのです！ 実際、忙しさにかまけて筆を取るのを先延ばししてしまう前に、私はまさにその場で、本書の執筆に取り掛かりました。友人たちは、写真を提供してくれたり、トレーニングプランに対する意見をくれたり、また、それぞれのクラスの生徒たちと本書にあるアイディアを練習したりして、応援してくれました。ですから、「ありがとう、あなたの力なしには成し得なかったでしょう」と私が言うとき、それは本心なのです。だからもう一度、ありがとう！ 感謝のしるしとして、プロのトレーナーがトレーニング教室で使える本書の姉妹本、『インストラクターカリキュラム』（未翻訳）は無料で提供しています。

また、私のすべての生徒たちにも感謝を申し上げます。それぞれから、たくさんのことを学びました。特に、私の元に、もっとも難しい課題があった犬たちを連れてきた方々に感謝を申し上げます。犬のニーズを尊重しつつ、協力を得るために必要なコミュニケーションをどう取るのがよいのだろうかと考え、心配で眠れなかったりしたものです。

最後に、私の英語版の編集者クリスタル・バレラ、ときに支離滅裂な私の走り書きを、いつも意味をなす文章にしてくださって、感謝しています。本書にぴったりなチャーミングなイラストを描いてくれたリリ・チン、ありがとう。そして時たま何日も頭が不在の状態の私をそっと見守ってくれる家族へ。もう戻ってきましたので安心してください。

ドッグトレーナーの方へ（必ず読んでください）

ドッグトレーニング教室を経営していて、本書で紹介しているレッスンと適合性の高いディストラクション・トレーニングをクラスに取り入れたいときは、こちらのウェブサイトにアクセスしてください（www.thedogathlete.com）。左側にあるメニューから「free downloads」を選択すると、インストラクター用カリキュラムPDF（英語）がダウンロードできるようになっています。こちらの無料のe-bookでは、本書のコンセプトをグループで行うための、ショートビデオを含めた完全レッスンプランを、6週間のクラスのカリキュラムとして提供しています。

デニス・フェンツィ
Denise Fenzi

アメリカ在住で、世界でも活躍するプロのドッグトレーナー。チームとしてドッグスポーツを行う犬と人間が協力関係を築き、正確に作業できるようにするためのトレーニングを専門としている。個人的に情熱を注いでいることは、オビディエンス訓練競技と、無強制（モチベーションベース）のドッグトレーニングのハイクオリティーな情報を広めること。ドッグスポーツのためのオンラインスクール「フェンツィ・ドッグスポーツ・アカデミー」を運営し、指導に力を入れる傍ら、世界各地でドッグトレーニングのセミナーを行い、ドッグスポーツ愛好家のための書籍も多数執筆している。

Staff

Eiji Shimoi/HOTART(Designer)
Nobu Take/Bam Flock
(Editorial cooperation)
Anna Kawashima (Translator)
Manako Sugiyama (Support Translator)
Crystal Barrera (Editor in English)
Denise Fenzi and Students of FDSA (Photo)
Lili Chin (Illustrator)

誘惑に負けない集中力とやる気を手に入れるには、1日10分あればいい。

いつでもどこでも デキる犬に育てるテクニック

2019年 8月15日　発　行　NDC645

著　者　デニス・フェンツイ
発行者　小川雄一
発行所　株式会社 誠文堂新光社
〒113-0033　東京都文京区本郷3-3-11
（編集）電話03-5800-5751
（販売）電話03-5800-5780
http://www.seibundo-shinkosha.net/
印刷・製本　図書印刷 株式会社

ISBN978-4-416-61995-7